실무를 위한 SolidWorks
(생산자동화기능사/생산자동화산업기사)

고성우·성재경 공저

KB174995

PREFACE

정보통신 기술의 발달은 정치, 경제, 사회, 문화 등 사회 전반의 각 분야에 걸쳐 큰 변화를 가져왔다. 특히, 기계를 비롯한 자동화시스템 분야에서 제품의 라이프 사이클은 나날이 짧아지고 있고, 제품의 소형화·경량화·고기능화·고속화·복합화 등에 대한 요구는 더욱 심화되고 있다. 이러한 요구를 실현하기 위해 관련 업체들 역시 그 어느 때보다 재빠르게 대응할 수밖에 없는 것이 오늘의 현실이다.

이러한 시대를 살아가면서 공학계 학생들이나 기계 및 자동화시스템 분야 직장인들이 기본적으로 익혀야 할 프로그램 역시 많아졌지만, 그 중에서도 반드시 알아야 할 중요한 설계도구 프로그램은 3D CAD 프로그램인 SolidWorks라 할 수 있다.

2D 디자인과는 달리 3D 모델링 작업은 많은 응용력을 필요로 한다. 사용자의 작업방법에 따라 부품의 모델링 및 조립품 모델링 작업공정이 얼마든지 다양해질 수 있기 때문에 개발자 및 설계자 또는 작업자는 3D 모델링을 시작하기 전에 먼저 모델링 형상을 분석하고 그에 따라 모델링 공정을 세워놓는 것이 바람직하다.

또한 각 3D 명령어를 정확히 이해하고, 그 명령어들의 사용법이나 특성 및 실무 응용방법을 다양하게 익히고 활용함으로써 고품질의 모델링을 구축할 수 있을 것이다.

본 교재는 무한경쟁시대에서 CAD 분야에 종사하는 실무담당자와 설계 분야에서 최고가 되고자 하는 꿈을 가진 학생들을 염두에 두고 기획되었다.

따라서 설계 및 개발에 따른 제작시간을 단축시켜 주면서 CAD 소프트웨어에 쉽게 접근하도록 돕고, 기초 개념 습득과 나아가 '생산자동화산업기사/생산자동화기능사' 자격증을 취득하는 데 활용할 수 있도록 기출문제 및 연습문제를 기반으로 단계별 따라하기 형식으로 구성하였다.

본 교재가 자격증 취득은 물론, 이 시대가 요구하는 기술을 갖추어 실무에서 마음껏 자기 능력을 펼치는 데 요긴하게 활용될 수 있기를 바란다.

끝으로 이 책이 나오기까지 물심양면으로 도움을 주신 분들께 감사의 마음을 전한다.

저 자

CONTENTS

Part_03 SolidWorks 조립하기

Part_04 SolidWorks 도면 작성하기

Part_05 기출문제 실습하기

SolidWorks 시작하기

Section 01 SolidWorks 시작하기

SolidWorks 시작하기

01 SolidWorks 시작하기

01 [Windows 시작 ▷ 프로그램 ▷ SolidWorks]를 클릭하거나,

02 윈도우 바탕화면에서 [SolidWorks 아이콘(   )]을 빠르게 두 번 클릭한다.

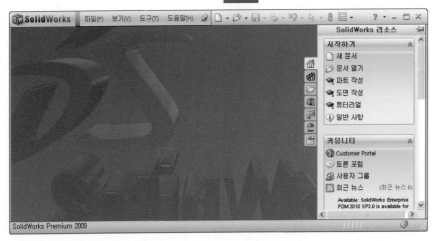

02 새 파트 만들기

01 표준도구모음에서 [새 문서(□ ▾)] 아이콘을 클릭하거나, 메뉴바에서 [파일 ▷ 새 문서]를 클릭한다.

02 SolidWorks 새 문서 대화상자가 나타나면, [파트]를 선택하고 [확인(　확인　)] 버튼을 클릭한다.

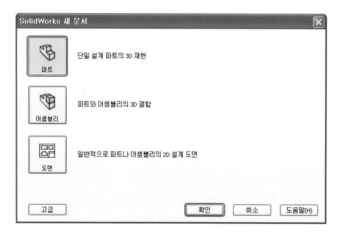

03 사용자 인터페이스

SolidWorks 사용자 인터페이스는 표준 Windows 형식으로 되어 있으며, 다음과 같이 구성되어 있다.

- CommandManager
- ConfigurationManager
- FeatureManager 디자인트리
- 도구모음

- PropertyManager
- 상태표시줄
- 작업창
- 메뉴모음

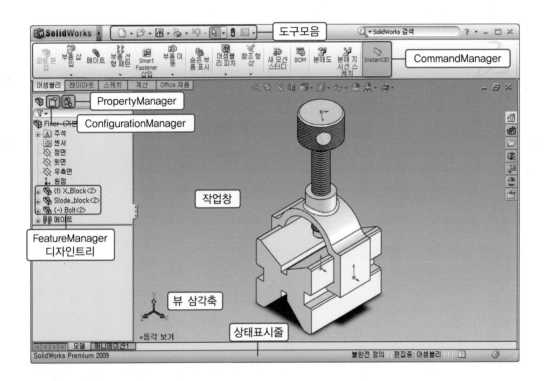

● CommandManager

사용자가 엑세스하려는 도구모음을 기반으로 동적으로 업데이트되는 작업 상황별 도구모음으로 여기에는 문서 유형에 따라 기본적으로 포함된 도구모음이 들어 있다.

❶ 피처 : 3D 작업을 할 수 있는 개별적인 특징 형상으로 작업을 할 수 있는 도구모음

❷ 스케치 : 2D 작업을 할 수 있는 도구모음

❸ 곡면 : Surface 작업을 할 수 있는 도구모음

❹ 계산 : 치수의 측정 및 물성치 등 수치와 관련된 작업을 할 수 있는 도구모음

❺ DimXpert : 치수 및 공차 등에 따른 도구모음

❻ Office 제품 : SolidWorks Office 이상 제품군에 나타나는 도구모음

▶ 메뉴바(Menu Bar)를 화면에 나타내고, 고정시키려면...

▶ 만약 CommandManager를 사용하고자 한다면

01 메뉴바에서 [도구 ▷ 사용자 정의]를 클릭한다.

02 사용자 정의 대화상자의 도구모음에서 [CommandManager 사용]을 클릭하여 체크한다.

◉ Propertymanager

그래픽 영역 왼쪽 패널에 Propertymanager 탭(📄)에 표시된다. 명령 수행에 필요한 설정사항들을 작업 화면을 가리지 않고 옵션 및 값을 설정하고 입력하여 수정/편집 등의 작업에 용이하게 사용할 수 있다.

◉ ConfigurationManager

SolidWorks 창 왼쪽의 ConfigurationManager를 사용하여 문서 내 파트 및 어셈블리의 여러 설정을 작성하거나 선택하여 볼 수 있다.

◉ 상태표시줄

SolidWorks 창 하단에 있는 상태표시줄은 작업 중인 기능에 관련된 정보를 표시한다.

Featuremanager 디자인 트리

SolidWorks 창 왼쪽의 FeatureManager 디자인트리에서 활성파트, 어셈블리 또는 도면의 전체적인 개요를 볼 수 있다. 이는 모델이나 어셈블리의 구조를 쉽게 보고 도면의 여러 시트와 뷰를 편리하게 확인할 수 있게 해준다.

도구모음

도구모음을 통하여 자주 사용하는 명령을 빠르고 쉽게 엑세스할 수 있다. 도구모음은 기능별로 구성되어 편의에 따라 도구를 제거하거나 재배열하며 도구를 사용자 정의할 수 있다.

뷰 삼각축

작업하고자 하는 화면의 X, Y, Z축 방향을 확인해 볼 수 있다.

작업창

2D 스케치 및 3D 파트 모델링 작업을 할 수 있는 작업공간이다.

04 마우스 활용 방법

▶ [편의상 마우스 왼쪽 버튼=MB1, 가운데 휠 버튼=MB2,
오른쪽 버튼=MB3으로 사용]

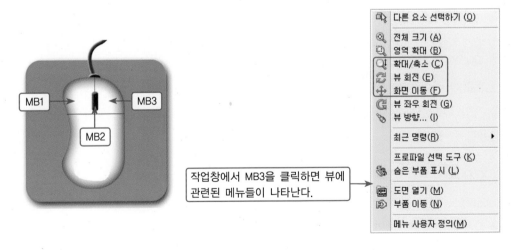

작업창에서 MB3을 클릭하면 뷰에 관련된 메뉴들이 나타난다.

- 화면 확대/축소 : Shift + MB2
- 화면 이동 : Ctrl + MB2
- 화면 회전 : MB2

05 화면 제어 방법 – 보기 관련 메뉴

	전체 크기	파트, 어셈블리 또는 도면의 전체가 화면에 보이게 확대하거나 축소하는 명령
	영역 확대	MB2를 누른 상태에서 테두리 상자를 끌어 선택한 뷰의 일부를 부분 확대하는 명령
	이전 뷰	모델을 하나 이상의 뷰로 이동한 후, 이전 뷰로 되돌릴 수 있으며, 마지막 10회의 변경까지 취소
	단면 보기	파트나 어셈블리의 모델 절단도 표시
	뷰 방향	현재 뷰 방향 또는 시점 수 변경
	표시 유형	활성 뷰의 표시 유형 변경 – 화면에 있는 전체 모델의 표시방법을 지정한다.
	항목 숨기기/보이기	그래픽 영역 안의 항목 표시 여부 변경
	표현 편집	모델 안의 요소 표현 편집
	화면 적용	특정 화면을 번갈아 바꾸거나 적용

▶ **뷰 방향(Orient View)**

작업 뷰를 보는 방향에 따라 윗면, 좌측면, 정면, 우측면, 후면, 아랫면, 등각 보기, 트라이메트릭, 디메트릭 등의 기본 보기 방향이 있다.

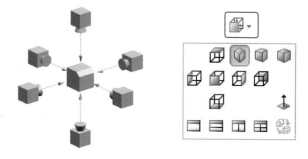

▶ **표시 유형(Display Mode)**

화면에 있는 전체 모델의 표시방법을 지정한다.

🔲 모서리 표시 음영	🔲 음영 처리	🔲 은선 제거
모델 형상에 면의 색상을 입힌 상태로 모서리를 표현한다.	모델 형상에 면의 색상을 입힌 상태로 모서리를 표현하지 않는다.	숨은 모서리 선을 제거하여 표시한다.

🔲 은선 표시	🔲 실선 표시	🔳 단면 보기
숨은 모서리 선을 은선(점선)으로 표시한다.	모든 모서리를 실선으로 표시한다. (Wireframe)	파트나 어셈블리의 모델 절단도 표시

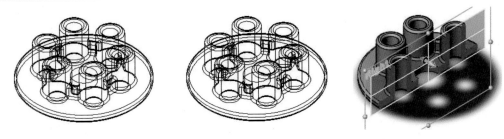

▶ **면에 수직보기(⬆️) : [Ctrl + 8]**

• 뷰 방향을 선택한 평면, 면 또는 피처에 수직이 되도록 회전하고 확대/축소한다.

• 이 방법으로 처음 선택하는 면은 화면에 평행하고, 두 번째 선택하는 면은 뷰 위에 있다.

01 Ctrl을 누른 상태에서 두 개의 평면인 면을 선택한다. 두 번째 평평한 면은 첫 번째 면과 평행하지 않아도 된다.

02 면에 수직으로 보기(⬆️)를 클릭한다.

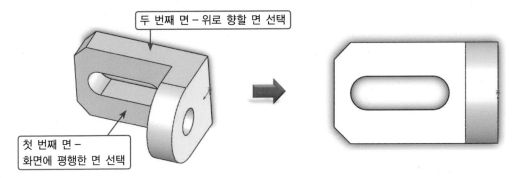

두 번째 면 – 위로 향할 면 선택

첫 번째 면 – 화면에 평행한 면 선택

06 SolidWorks를 이용한 간단한 모델링 작업순서

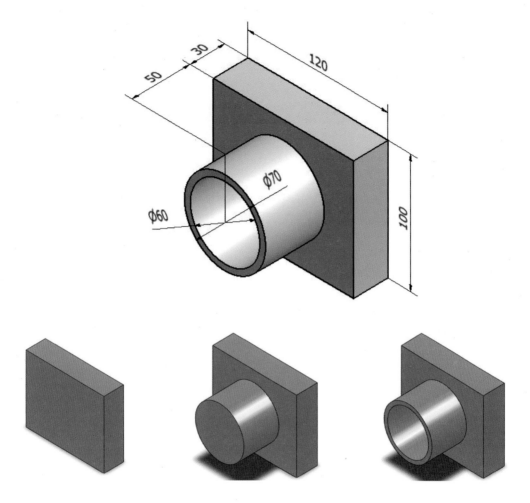

- ◆ 파트작업 및 스케치 환경 전환방법
- ◆ 사각형 및 원 스케치 작성요령
- ◆ 치수 기입에 의한 크기 및 위치 구속
- ◆ 돌출 명령을 활용한 3차원 형상 모델링
- ◆ 모델 형상의 변경에 따른 수정/편집 요령

01 SolidWorks 창 상단에서 [새 문서( )]를 클릭한다.

02 SolidWorks 새 문서 대화상자에서 [파트]를 더블클릭하거나, 파트를 선택하고 [확인(확인)]
버튼을 클릭한다.

03 SolidWorks 왼쪽의 "FeatureManager 디자인 트리"에서 **정면**을 선택
하고, 나타나는 팝업 메뉴에서 [스케치( )]를 클릭한다.

04 "CommandManager"의 스케치 메뉴에서 [코너사각형( )]을 선택한다. → 마우스 커서의 모양
이 ( )로 바뀐다.

05 사각형을 그리려면 작업영역에서 보여지는 ❶원점( )에서 마우스 MB1을 클릭한다. 마우스
를 오른쪽 대각선 방향으로 이동하여(사각형의 현재 치수가 표시된다.) ❷지점에서 마우스
MB1을 클릭한다.

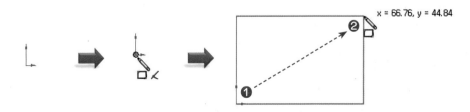

06 직사각형 "PropertyManager"의 대화상자 닫기(✓)를 클릭하여 스케치를 마무리한다.

> **TIP**
>
> 작성하는 스케치 형상은 크기 치수와 위치 치수가 정확히 일치하지 않아도 된다.

> **TIP**
>
> 스케치를 마무리하는 방법은 다음 중 한 방법을 사용한다.
> - 현재 사용하고 있는 도구의 버튼을 다시 클릭한다.
> - Esc 를 누른다. / Enter 를 누른다.
> - 사용하고자 하는 다음 도구의 명령 버튼을 클릭한다.
> - 선택( ) -표준도구모음을 클릭한다.

07 "CommandManager"의 스케치 메뉴에서 [지능형 치수( )]를 선택한다. → 마우스 커서의 모양이 ( )로 바뀐다.

08 ❶치수를 기입하기 위한 첫 번째 왼쪽 선을 선택한다. → ❷치수를 기입하기 위한 두 번째 오른쪽 선을 선택한다. → ❸ 치수 문자가 배치될 위치를 위쪽으로 클릭하여 지정한다.

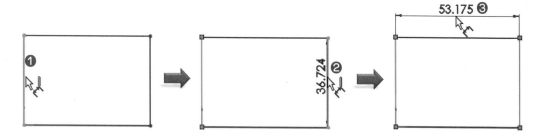

09 수정 대화상자가 나타나면 [120]을 입력한 후 Enter 키를 치거나, [스케치 종료( )]를 클릭한다.

10 같은 방법으로 선과 선 사이의 치수를 기입하기 위해 ❶첫 번째 선과 ❷두 번째 선을 차례로 선택하면 치수가 나타난다.

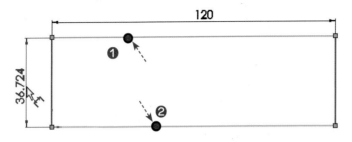

11 치수 문자가 배치될 위치를 클릭하여 지정한 후, 수정 대화상자에서 [100]을 입력하여 치수작업을 완료한다.

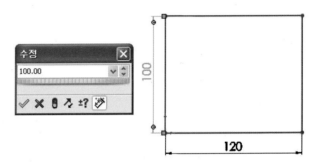

12 메뉴에서 [스케치 종료(📝)]를 선택한다.

13 "CommandManager"의 피처 메뉴에서 [돌출 보스/베이스(📦)]를 선택한다.

14 돌출 대화상자에서 방향1의 [블라인드 형태]로 마침조건을 설정하고, 깊이(📏)를 [30]으로 입력한 후, Enter 키를 친다.

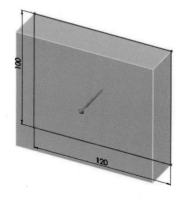

15 [확인(✔)]을 클릭하면 3차원 모델이 완성된다.

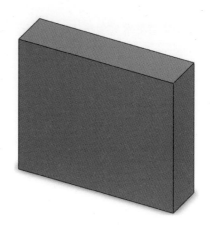

16 베이스 ❶ 윗면을 마우스로 선택한 후, 나타나는
　 팝업 메뉴에서 ❷[스케치( )]를 클릭한다.

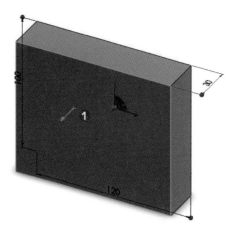

17 [Ctrl]+[8]을 눌러 스케치할 면을 똑바로 놓는다.

 TIP

> [Ctrl]+[8]은 면에 수직보기( ) 기능으로 뷰 방향을 선택한 평면, 면 또는
> 피처에 수직이 되도록 회전하고 확대/축소한다.

18 스케치 메뉴에서 [원(⊙ ▾)]을 선택한다. → 마우스 커서의 모양이
　 ( )로 바뀐다.

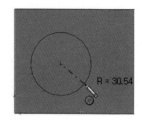

19 사각형 블록의 중앙부분에 원을 작성한다.

20 [지능형 치수(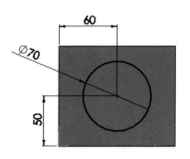)]를 이용하여 원의 크기와 위치에 대한 치수를 기입한다.

21 메뉴에서 [스케치 종료()]를 선택한다.

22 "CommandManager"의 피처 메뉴에서 [돌출 보스/베이스()]를 선택한다.

23 [Ctrl]+[7]을 눌러 모델을 화면에서 등각 보기로 바꾼다.

24 돌출 대화상자에서 방향1의 [블라인드 형태]로 마침조건을 설정하고, 깊이()를 [25]로 입력한 후, [Enter] 키를 친다.

25 [확인(✔)]을 클릭하면 3차원 모델이 완성된다.

26 베이스 ❶윗면을 마우스로 선택한 후, 나타나는 팝업메뉴에서 ❷[스케치(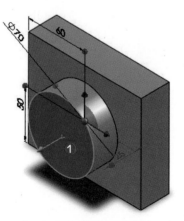)]를 클릭한다.

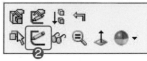

27 [Ctrl]+[8]을 눌러 스케치할 면을 똑바로 놓는다.

28 스케치 메뉴에서 [원(⊘ ▾)]을 클릭하여 마우스 포인터를
원기둥의 중앙부분으로 가져간다. → 포인터가 바뀌면서
원 중심이 원기둥의 중심점과 일치함을 나타낸다.

29 원의 중심점을 클릭한 후, 원을 작성한다. →
[지능형 치수(지능형 치수)]를 이용하여 크기와 위치에
대한 치수를 기입한다.

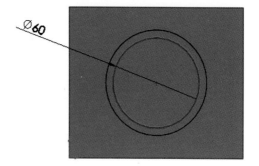

30 메뉴에서 [스케치 종료(스케치 종료)]를 선택한다.

31 [Ctrl]+[7]을 눌러 모델을 화면에서
등각보기로 바꾼다.

32 "CommandManager"의 피처 메뉴
에서 [돌출 컷(돌출 컷)]을 선택한다.

33 나타나는 [돌출 컷] 대화상자에
서 [방향1]을 [관통]으로 선택한 후,
[확인(✓)]을 클릭한다.

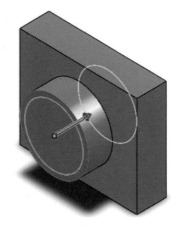

34 모델링이 완성된 모습이 오른쪽에 나타난다.

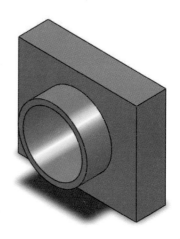

TIP

모델링 형상을 구현한 후, 설계 변경이나 잘못 표현하였을 경우 ⇒ 형상을 손쉽게 수정/편집 할 수 있다. 수정을 통한 모델링의 변경은 크게 2D 스케치 형상을 수정하는 ① 스케치 편집과 3D 모델링 형상을 수정하는 ② 피처 편집 방법 및 ③ 모델 치수 직접 수정 등 세 가지 방법이 있다.

▶ 모델을 수정하는 방법에는

FeatureManager 디자인 트리 또는 해당하는 모델 형상에 마우스를 클릭하여 나타나는 팝업메뉴에서 [스케치 편집(✏️)] 또는 [피처 편집(📷)]을 선택한다.

01 예를 들어 두 번째 돌출 보스의 원기둥 높이를 변경하고자 한다면

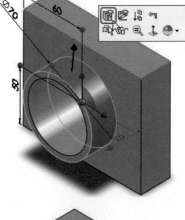

❶ 변경하고자 하는 원기둥을 마우스 MB1로 클릭하고, 나타나는 팝업메뉴에서 [피처 편집(📷)]을 클릭한다.

❷ 돌출2의 대화상자가 나타나는데, D1(🔧)]의 값을 25에서 50으로 변경하고, Enter 를 친다.

❸ [확인(✔️)]을 클릭하면 모델이 변경된다.

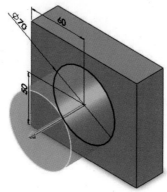

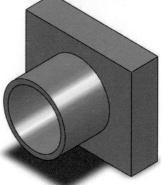

Part 2

SolidWorks
모델링 따라하기

Section 02 Bracket 1 모델링 따라하기

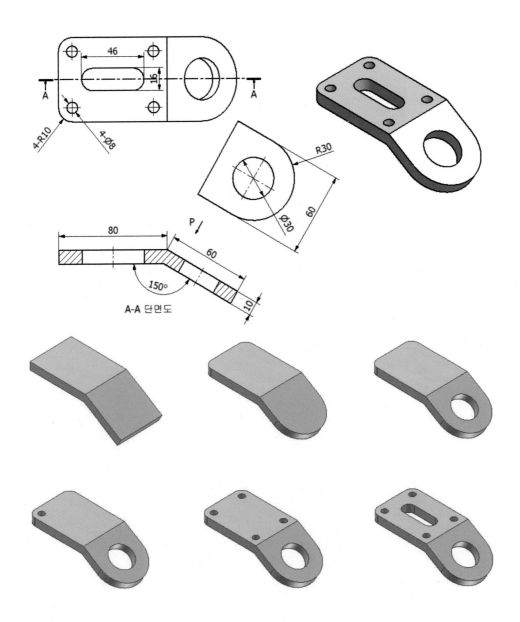

◆ 얇은 피처 옵션을 사용하여 돌출 두께를 제어하는 요령
◆ 파트의 안쪽이나 바깥쪽 모서리에 필렛(Fillet) 곡면을 만드는 요령
◆ 선형 패턴을 활용한 연관 피처 복사
◆ 2D 스케치상에서 원이나 호에 접하는 접선 치수 생성

01 SolidWorks 창 상단에 있는 [새 문서(□)]를 클릭하여 [파트]를 선택하고, [확인(확인)] 버튼을 클릭한다.

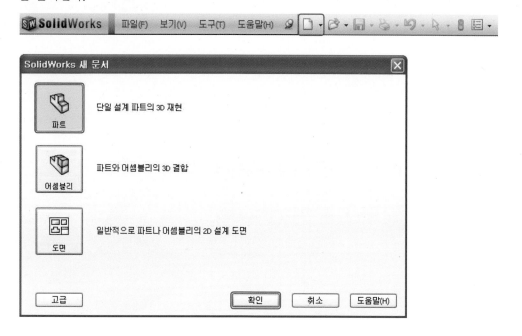

02 [FeatureManager 디자인트리]에서 정면을 선택하고, 나타나는 팝업메뉴에서 [스케치(스케치)]를 클릭한다.

TIP

[정면]은 X-Y 평면을 뜻한다.

03 스케치 도구모음에서 [선(\)]을 이용하여, 선을 그린 후, 마우스 오른쪽 버튼을 클릭하여 체인 끝(더블클릭)을 선택한다.

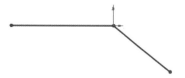

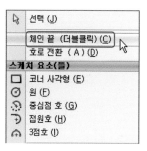

04 스케치 메뉴에서 [**지능형 치수**(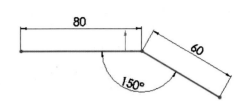)]를 선택하여
　 길이 80, 각도 150, 정렬 60 치수를 기입한다.

05 메뉴에서 [스케치 종료(⬚)]를 선택한다.

06 [Ctrl]+[7]을 눌러 모델을 화면에서 등각보기로 바꾸고, [**돌출 보스/베이스**(⬚)]를 선택한다.

07 돌출 대화상자에서 다음과
　 같은 옵션을 설정한다.

　　• 방향1 = [중간평면]
　　• 깊이 = [60mm]
　　• 얇은 피처
　　• 한 방향으로
　　• 두께 = [10mm]

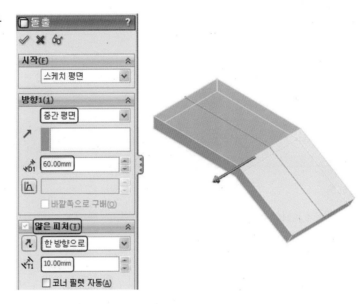

08 돌출 대화상자에서 [**확인**(✔)]을 클릭하면 3차원 모델
　 이 완성된다.

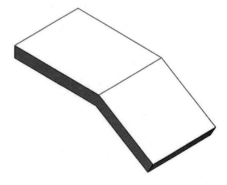

09 라운드를 만들기 위해 **피처** 메뉴에서 [**필렛**(⬚)]을 선택한다.

10 필렛 대화상자에서 다음과 같은 옵션을 설정한다.

- 필렛 유형 = [부동 반경]
- 필렛 반경(⟋) = [10mm]
- 전체 미리보기에 체크

11 필렛이 적용될 두 개의 모서리를 선택하여 지정한다.

12 [확인(✔)]을 클릭하여 필렛을 완성시킨다.

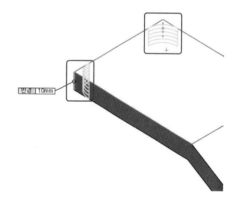

13 다시 [필렛(🔧)]을 실행하여 필렛 반경(⟋)을 30mm로 지정하고, 해당되는 모서리 두 군데 모 서리를 선택하여 필렛을 완성시킨다.

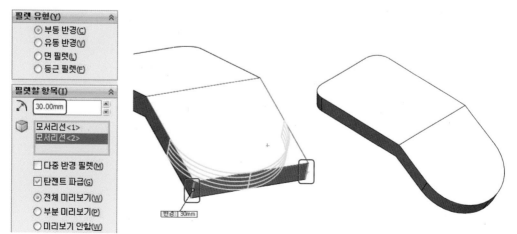

14 구멍을 만들기 위해 형상 ❶측면을 마우스로 선택하고, 나타
나는 팝업메뉴에서 ❷[스케치(스케치)]를 클릭한다.

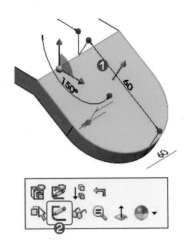

15 스케치 메뉴의 [원(⊘ ▾)]을 클릭하여 마우스 포인터를 원호
에 가져간다.

→ 원호 중심이 나타나는데, 이곳을 클릭하면 원 중심이 원
호 중심과 동일한 동심원을 그릴 수 있다.

16 원의 중심점을 클릭한 후, 원을 작성한다.

→ [지능형 치수(지능형치수)]를 이용하여 지름 30 치수를 입력한다.

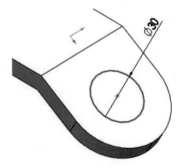

17 메뉴에서 [스케치 종료(스케치종료)]를 선택한다.

18 피처메뉴에서 [돌출 컷(돌출컷)]을 선택
하고 [방향1]을 [관통]으로 선택하고,
[확인(✔)]을 클릭한다.

19 모델링이 완성된 모습이 오른쪽에 나타난다.

20 구멍을 만들기 위해 형상 ❶ 윗면을 마우스로 선택하고, 나타나
는 팝업메뉴에서 ❷[스케치(스케치)]를 클릭한다.

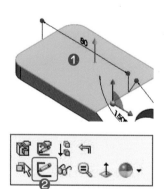

21 [Ctrl+8]을 눌러 스케치할 면을 똑바로 놓는다.

22 필렛(원호) 중심의 동심원에 지름 8인 원 스케치를 작성한다.

23 [Ctrl+7]을 눌러 모델을 화면에서 등각보기로 바꾼다.

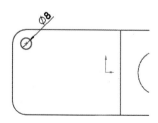

24 [스케치 종료]를 선택한다.

25 [돌출 컷(![돌출컷])]을 선택하고
[방향1]을 [관통]으로 선택하고,
[확인(✅)]을 클릭한다.

26 "CommandManager"의 피처 메뉴에서 [선형 패턴(![선형패턴])]을 선택한다.

27 선형 패턴 대화상자에서 다음과 같이 설정한다.

- [패턴할 피처] ❶입력상자를 마우스로 클릭한 후, 지름 8mm의 ❶구멍을 선택한다.
- [방향1(1)]의 ❷입력창을 클릭한 후, 패턴 방향인 ❷모서리를 선택한다.
- 피처 간의 간격(![간격])을 60mm로, 인스턴스 수(![인스턴스])에 2개를 입력한다.
  ⇒ 만약 미리보기가 반대로 보인다면 [반대방향(![반대방향])]을 클릭하여 방향을 전환시킨다.

- [방향2(2)]의 ❸입력창을 클릭한 후, 패턴 방향인 ❸모서리를 선택한다.
- 피처 간의 간격(![간격])을 40mm로, 인스턴스 수(![인스턴스])에 2개를 입력한다.

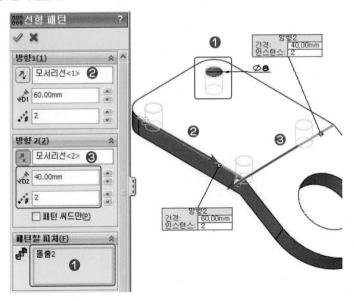

28 [확인(✔)]을 클릭하여 선형패턴을 완성시킨다.

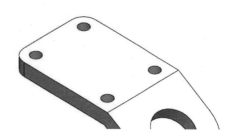

29 슬롯을 만들기 위해 형상 윗면을 선택하고,
[스케치]를 클릭한다.

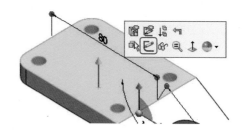

30 [Ctrl + 8]을 눌러 스케치할 면을 똑바로 놓는다.

31 스케치 메뉴의 [직선 홈(🔘)]을 클릭하여 작성
한다.

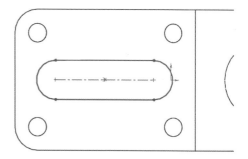

32 지능형 치수를 입력한다.

TIP

원이나 호에 접하는 치수를 기입하고자 한다면
Shift 키를 누른 채로 치수를 입력한다.

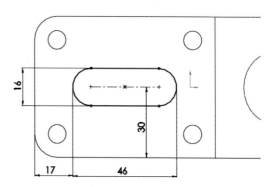

25

33 [스케치 종료]를 선택한다. [Ctrl+7]을 눌러 모델을 화면에서
등각보기로 바꾼다.

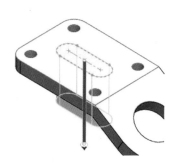

34 [돌출 컷(📷돌출컷)]을 선택하고 [방향1]을 [관통]으로 선택하고, [확인
(✅)]을 클릭한다.

35 모델링의 완성된 모습이 나타난다.

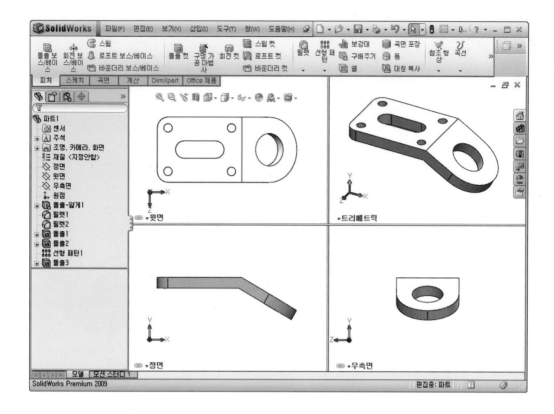

Section
03 Bracket 2 모델링 따라하기

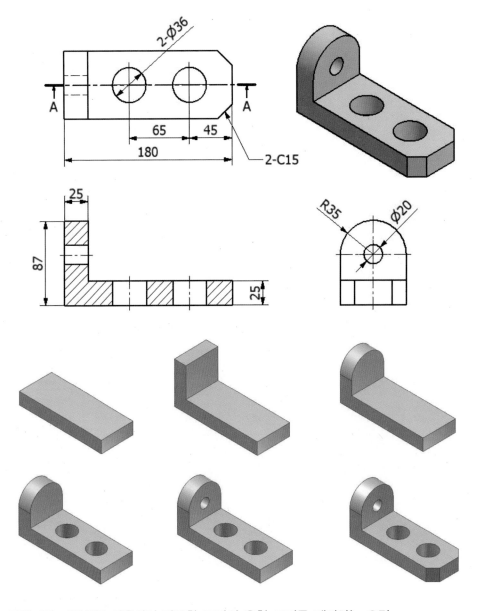

◆ 구멍가공 마법사를 사용하여 가공할 구멍의 유형 크기를 제어하는 요령
◆ 모따기 도구를 사용하여 선택한 모서리나 면 또는 꼭짓점을 깎는 방법

01 SolidWorks 창 상단에 있는 [새 문서(□)]를 클릭하여 [파트]를 선택하고, [확인(확인)] 버튼을 클릭한다.

02 [FeatureManager 디자인트리]에서 정면을 선택하고, 나타나는 팝업 메뉴에서 [스케치]를 클릭한다.

03 스케치 메뉴에서 [코너사각형(□)]을 클릭하고 대략적인 크기와 위치의 사각형을 그린다.

04 [지능형 치수( )]를 클릭하고 오른쪽 그림과 같이 가로 180, 세로 70 치수와 원점을 기준으로 위치를 결정하는 치수를 입력한다.

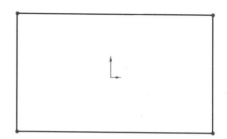

05 메뉴에서 [스케치 종료( )]를 선택한다.

06 [Ctrl + 7]을 눌러 모델을 화면에서 등각보기로 바꾸고, [돌출 보스/베이스( )]를 선택한다.

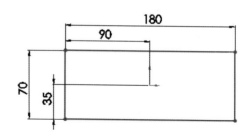

07 돌출 대화상자에서 다음과 같은 옵션을 설정하고, [확인(✔)]을
클릭하면 3차원 모델이 완성된다.

- 방향1 = [블라인드 형태]
- 깊이 = [25mm]

08 기둥 형상을 만들기 위해 형상 윗면을 선택하고,
[스케치(✐)]를 클릭한다.

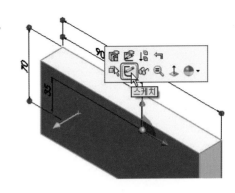

09 [Ctrl + 8]을 눌러 스케치할 면을 똑바로 놓는다.

10 스케치 메뉴에서 [코너사각형(□)]을 클릭하고, 처음 작
성한 돌출 베이스의 끝점(⬗)과 대략적인 모서리 선상
(⬗)을 지정하여 사각형을 그린다.

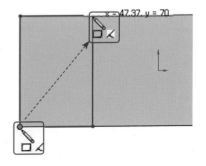

11 [지능형 치수(⬗)]를 클릭하고 오른쪽 그림과 같이 사각형
의 넓이 25를 입력한다.

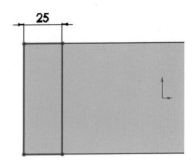

12 [스케치]를 종료하고, [Ctrl+7]을 이용하여 등각보기를 한다.

13 [돌출 보스/베이스(돌출보스/베이스)]를 선택하고, 다음과 같은 옵션을 입력한다.

- 방향1 = [블라인드 형태]
- 깊이 = [62mm]

14 [확인(✓)]을 클릭하면 3차원 모델이 완성된다.

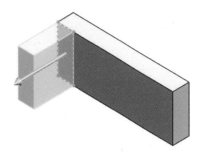

15 라운드를 만들기 위해 **피처** 메뉴에서 [필렛(🔩)]을 선택한다.

16 필렛 대화상자에서 다음과 같은 옵션을 설정한다.

- 필렛 유형 = [부동 반경]
- 필렛 반경(↗) = [35mm]
- 전체 미리보기에 체크

17 필렛이 적용될 두 개의 모서리를 선택하여 지정
한다.

18 [확인(✔)]을 클릭하여 필렛을 완성시킨다.

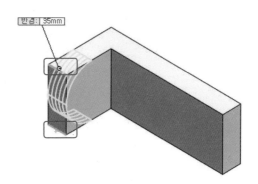

19 구멍 형상을 만들기 위해 형상 윗면을 선택하
고, [스케치(✐)]를 클릭한다.

20 [Ctrl + 8]을 눌러 스케치할 면을 똑바로 놓는다.

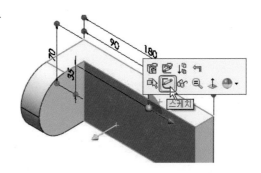

21 선 종류를 [중심선(┊)]으로 선택하고, 세로 모서리의 중앙에서부터
수평하게 선(❶ → ❷)을 그린다..

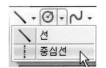

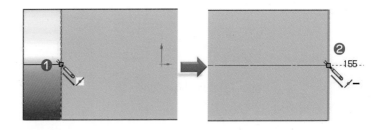

22 [원(⊘ ▾)]을 클릭하여 원의 중심점을 방금 작성한 중심선에 접하게 두 개의 원을 작성한다.

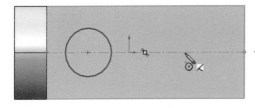

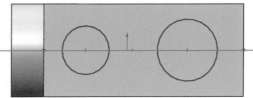

23 Esc 키를 2~3회 눌러 선택상태로 되돌리고, Ctrl 을 누른 상태에서 작성한 원 두 개를 같이 선택한다.

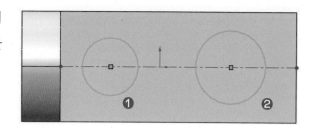

24 [PropertyManager] 창의 구속조건 부가에서 [동등(=)]을 클릭하여 선택한 원 두 개의 "지름(크기)이 같다"는 조건을 부여한다.

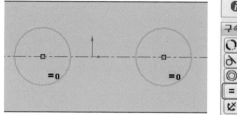

25 [지능형 치수(지능형 치수)]를 클릭하여 원의 지름 36과 중심거리 65, 45를 입력한다.

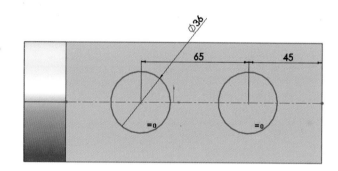

26 메뉴에서 [스케치 종료(스케치 종료)]를 선택한다.

27 [Ctrl + 7]을 눌러 모델을 화면에서 등각보기로 바꾸고, [돌출 컷(돌출컷)]을 선택한다.

28 다음과 같은 옵션을 입력한다.

• 방향1 = [관통]

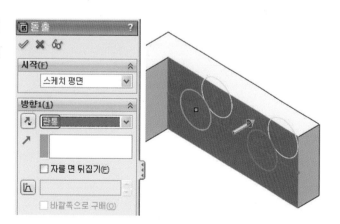

29 [확인(✔)]을 클릭하면 3차원 모델이 완성된다.

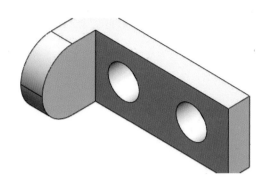

30 구멍을 작성하기 위해 [CommandManager] 피처 메뉴에서 [구멍 가공 마법사(구멍가공마법사)]를 클릭한다.

31 구멍 스팩 대화상자의 옵션에서 다음과 같이 설정한다.

❶ 구멍 유형 = [구멍(▯)]

❷ 표준 = [ISO]

❸ 유형 = [드릴크기]

❹ 구멍 스팩의 크기 = [Ø20.0]

❺ 마침조건 = [관통]

❻ 구멍 스팩 상단의 위치(위치) 탭을 클릭한다.

32 구멍 중심을 배치하기 위해 나타나는 원호 중심을 클릭한다. 원호 중심을 클릭하여 동심원을 지정할 수 있다.

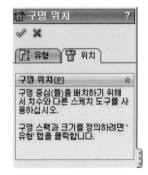

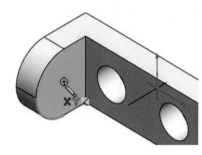

33 구멍 위치 대화상자에서 [확인(✔)]을 클릭하여 구멍을 완성한다.

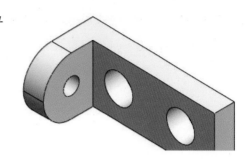

34 모따기를 작성하기 위해 [CommandManager] 피처 메뉴에서 필렛 아래의 역삼각형(▼)을 눌러 [모따기(◇)]를 클릭한다.

35 모따기 대화상자에서 다음과 같이 설정한다.

- 모따기가 될 모서리 = [❶, ❷ 지정]
- 모따기 변수 = [각도-거리(A)]
- 거리 = [15mm]
- 전체 미리보기 체크

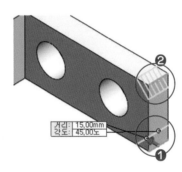

36 모따기 대화상자에서 [확인(✔)]을 클릭하여 모따기를 완성한다.

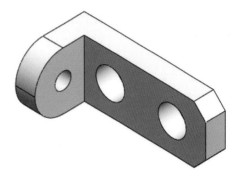

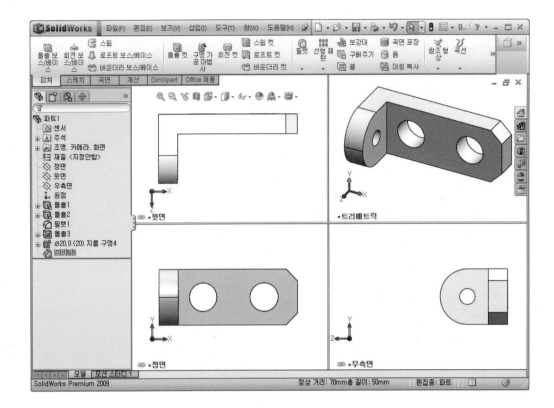

지지대 1 모델링 따라하기

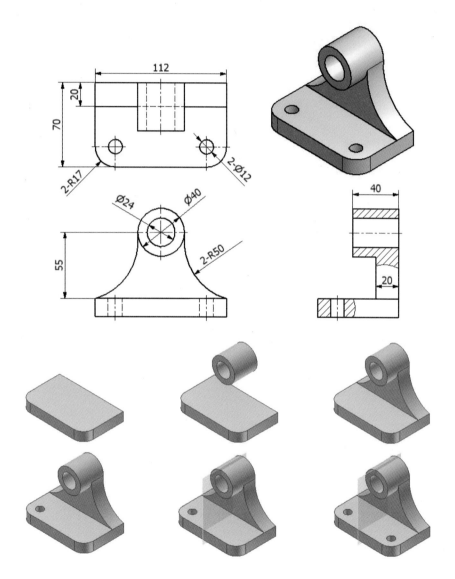

- ◆ 중심을 정의한 중심사각형 스케치 작성요령 및 사용방법 정의
- ◆ 2D 스케치에서 두 선분이 만나는 점의 탄젠트 호 작성요령
- ◆ 사용자가 원하는 방향 및 각도로 회전하는 화면전환방법
- ◆ 사용자 정의 면에 수직하기 보기방법
- ◆ 다양한 스케치 기법에 따른 사용자 정의 스케치 작성
- ◆ 스케치 대칭 요소 작성 및 형상 대칭 복사기법
- ◆ 스케치상에서 모델의 모서리를 활용한 스케치 요소 변환요령

01 SolidWorks 창 상단에 있는 [새 문서(□)]를 클릭하여 [파트]를 선택하고, [확인(확인)] 버튼
을 클릭한다.

02 [FeatureManager 디자인트리]에서 정면을 선택하고, 나타나는 팝업 메
뉴에서 [스케치]를 클릭한다.

03 스케치 메뉴에서 [코너사각형(□)]을 클릭하고, 나타나는 직사각형 유
형에서 [중심사각형(▣)]을 선택한다.

04 원점에 사각형의 중심을 지정하고 대각선 방향
으로 이동하여 사각형을 작성한다.

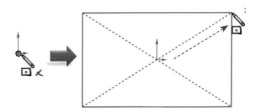

05 [지능형 치수(治능형 치수)]를 클릭하고 그림과 같이 가로
: 112, 세로 : 70 치수를 입력한다.

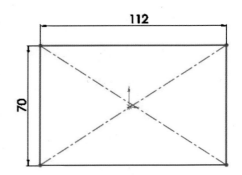

06 [스케치 필렛(🖉)]을 이용하여, 필렛 변수를 [17]로 정의하고, 스케치 필렛이 적용될 아래쪽 두 군데 지점을 클릭한다.

 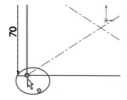 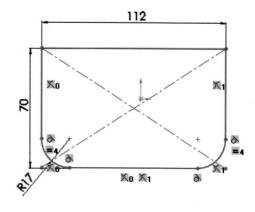

07 [스케치 종료(🖉)]를 선택하고, 3차원 작업에 용이하게 휠 마우스 버튼[MB2]을 이용하여 화면을 회전시킨다.

08 [돌출 보스/베이스(🖉)]를 클릭한 후, 나타나는 대화상자에서 다음과 같은 옵션을 설정하고, [확인(✔)]을 클릭한다.

• 방향1 = [블라인드 형태]
• 깊이 = [15mm]

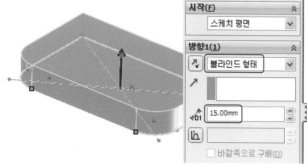

09 원기둥 형상을 만들기 위해 화면을 회전하여 뒷면이 보이게 둔 상태에서 모델링 형상 뒷면을 선택하고, [스케치(🖉)]를 클릭한다.

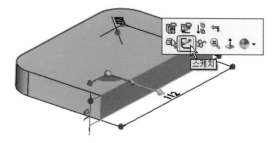

10 선택한 스케치 면을 [면에 수직으로 보기]를 위해 Ctrl을 누른 채로 모델링 형상의 ❶뒷면을 먼저 선택하고, 이어서 형상의 ❷윗면을 선택한다.

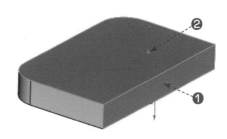

11 [Ctrl + 8]을 눌러 스케치할 면을 똑바로 놓는다.

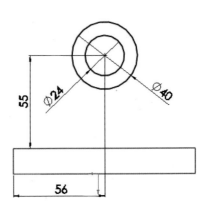

12 스케치 메뉴에서 [원(⊘ ·)]을 클릭하여 서로 동심인 원 두 개를 작성한다.

13 [지능형 치수(지능형치수)]를 클릭하여 큰 원의 지름 40과 작은 원의 지름 24, 중심점 높이 55, 중심거리 56을 입력한다.

14 [스케치 종료(스케치종료)]를 선택하고, 3차원 작업에 용이하게 휠 마우스 버튼[MB2]을 이용하여 화면을 회전시킨다.

15 [돌출 보스/베이스(돌출보스/베이스)]를 클릭한 후, 나타나는 대화상자에서 다음과 같은 옵션을 설정한다.

- 방향1 = [블라인드 형태]
- 깊이 = [40mm]
- 반대반향(↗)을 이용하여 돌출방향을 반전시킨다.

16 [확인(✔)]을 클릭하면 완성된 형상이 나타난다.

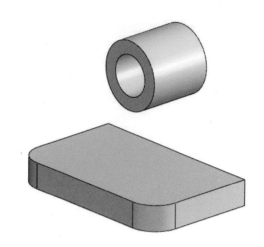

17 보조대 형상은 모델링 형상 뒷면을 선택하고,
[스케치(✐)]를 클릭한다.

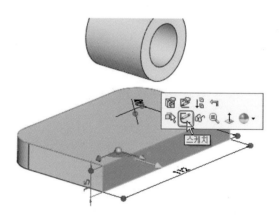

18 선택한 스케치 면을 [면에 수직으로 보기]를
위해 Ctrl 을 누른 채로 모델링 형상의 ❶뒷면
을 먼저 선택하고, 이어서 형상의 ❷윗면을
선택한다.

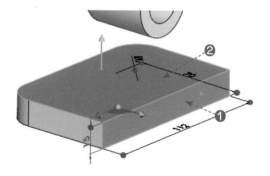

19 [Ctrl]+8]을 눌러 스케치할 면을 똑바로 놓는다.

20 호를 작성하기 위해 스케치 메뉴에서 [3점호(⌒)]
를 이용하여 그림과 같이 대략적인 위치와 크기
의 호를 작성한다.

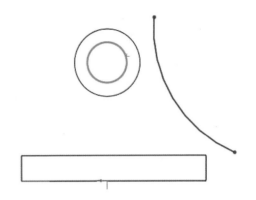

21 [Esc] 키를 2~3회 눌러 선택상태로 되돌린다.

22 [Ctrl]을 누른 채로 호의 ❶끝점과 사각
형 블록의 모서리 ❷점을 클릭하고,
나타나는 구속조건 부가 창에서 [일치
(✗)]를 선택한다.

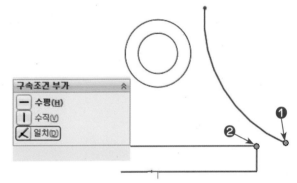

23 [Ctrl]을 누른 채로 ❶호와 ❷원통 모서리를 클
릭하고, 나타나는 구속조건 부가 창에서 [탄젠
트(ᗰ)]를 선택한다.

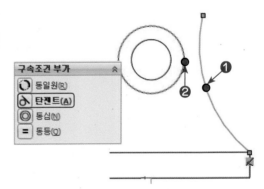

24 [지능형 치수(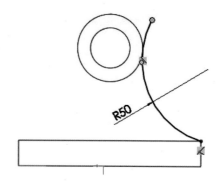지능형 치수)]를 클릭하여 호의 반지름 50을 입력한다.

25 선 종류를 [중심선(┊)]으로 선택하고, 원점에서부터 원기둥 중심까지 수직하게 선(❶ → ❷)을 그린다.

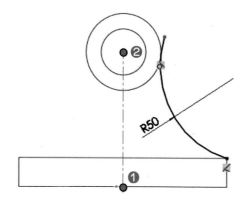

26 Esc 키를 2~3회 눌러 선택상태로 되돌린다.

27 Ctrl 을 누른 채로 사각형 블록의 ❶ 위쪽 모서리와 ❷ 원통 모서리를 선택한다.

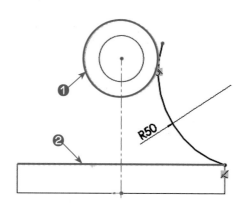

28 스케치 메뉴에서 [스케치 요소 변환(◻ 스케치 요소...)]을 클릭
   하여 선택한다.

TIP

스케치 요소 변환은 선택된 모델의 모서리나 스케치 요소
를 스케치 세그먼트로 변환한다.

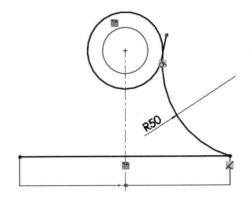

29 스케치 메뉴에서 [요소 대칭 복사(▲)]
   를 클릭하여 선택한다.

30 대칭 복사 대화상자에서 다음과 같이
   지정한다.

   • 대칭 복사할 항목 = ❶R50 호를
     선택

   • ❷대칭 기준 영역을 클릭

   • 대칭 기준선으로 ❸중심선을 클릭
     하여 선택

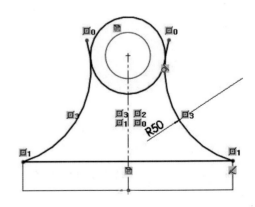

31 [확인(✔)]을 클릭하면 대칭 복사를 완성시킨다.

32 스케치 메뉴에서 [스케치 잘라내기(스케치 잘라...)]를 클릭하여 선택한다.

TIP

> 다른 요소와 일치조건에 있는 스케치 세그먼트를 잘라내거나 연장한다.

33 잘라내기 대화상자의 옵션 중 [근접 잘라내기(┼)]를 지정하고, 불필요한 스케치를 클릭하여 선택하고 잘라낸다. [확인(✓)]을 클릭한다.

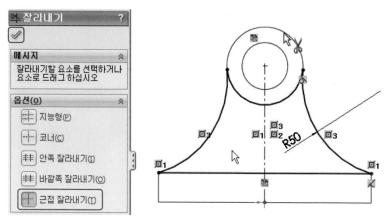

34 [스케치 종료(스케치 종료)]를 선택하고, 3차원 작업에 용이하게 휠 마우스 버튼[MB2]을 이용하여 화면을 회전시킨다.

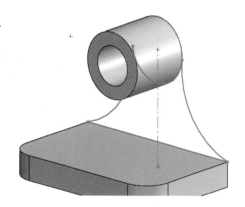

35 [돌출 보스/베이스(돌출보스/베이스)]를 클릭하여 피처 작성에 사용할 스케치를 선택한다.

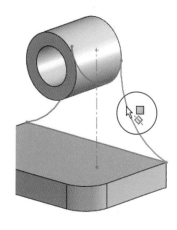

36 나타나는 대화상자에서 다음과 같은 옵션을 설정한다.

- 방향1 = [블라인드 형태]
- 깊이 = [20mm]
- 반대반향()을 이용하여 돌출방향을 반전시킨다.

37 [확인(✓)]을 클릭하면 완성된 형상이 나타난다.

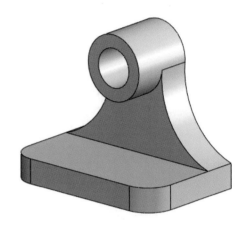

38 구멍 형상을 만들기 위해 형상 윗면을 선택하고, [스케치(✎)]를 클릭한다.

39 [Ctrl+8]을 눌러 스케치할 면을 똑바로 놓는다.

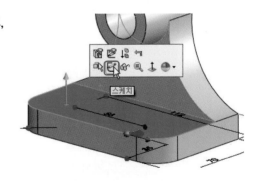

40 [원(⊙ ·)]을 이용하여 원호의 중심점과 일치되게 원을 그린다.
[지능형 치수(지능형 치수)]로 지름 치수 12를 입력한다.

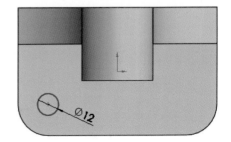

41 [스케치 종료( )]를 선택하고,
[돌출 컷( )]을 클릭하여 나타
나는 대화상자에서 다음과 같은
옵션을 설정한다.

• 방향1 = [관통]

42 [확인( )]을 클릭하면 3차원 모델이 완성된다.

43 가상의 면을 작성하기 위해 [CommandManager] 피처 메뉴에서 [참조 형상]
아래의 역삼각형( )을 눌러 [기준면( )]을 클릭한다.

44 평면 생성 대화상자에서 평면을 정
의할 기준 요소로 ❶측면을 선택한
다. 나타나는 ❷[거리( )]에 56mm
을 입력하고, ❸반대방향에 체크표
시를 한다.

TIP

오프셋 거리 : 평면 또는 면에 평행이거나
지정된 거리를 두고 오프셋된 평면을 작
성한다.

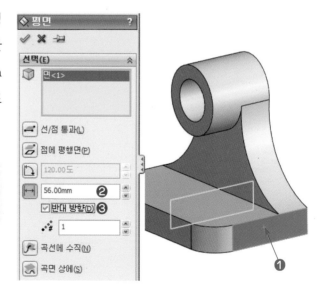

47

45 [확인(✓)]을 클릭하면 기준면을 생성한다.

46 대칭되는 형상을 복사하기 위해 [CommandManager] 피처 메뉴에서
[선형 패턴] 아래의 역삼각형(▾)을 눌러 [대칭 복사(▥)]를 클릭한다.

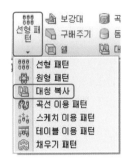

47 대칭 복사 대화상자가 나타난다.

- 면/평면 대칭 복사 = [작성한 ❶기
  준면 선택]
- 대칭 복사 피처 = [❷구멍 선택]

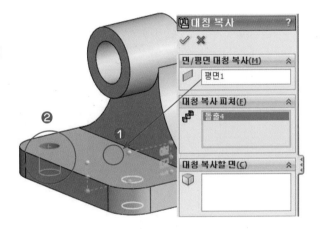

48 [확인(✓)]을 클릭하면 대칭 복사 형상인 구멍이 생
성된다.

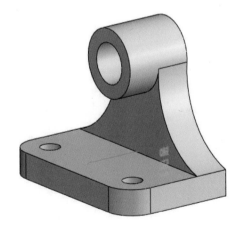

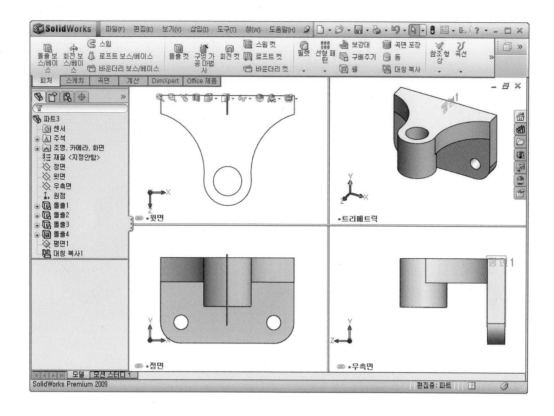

과 제 명	연 습 문 제 1

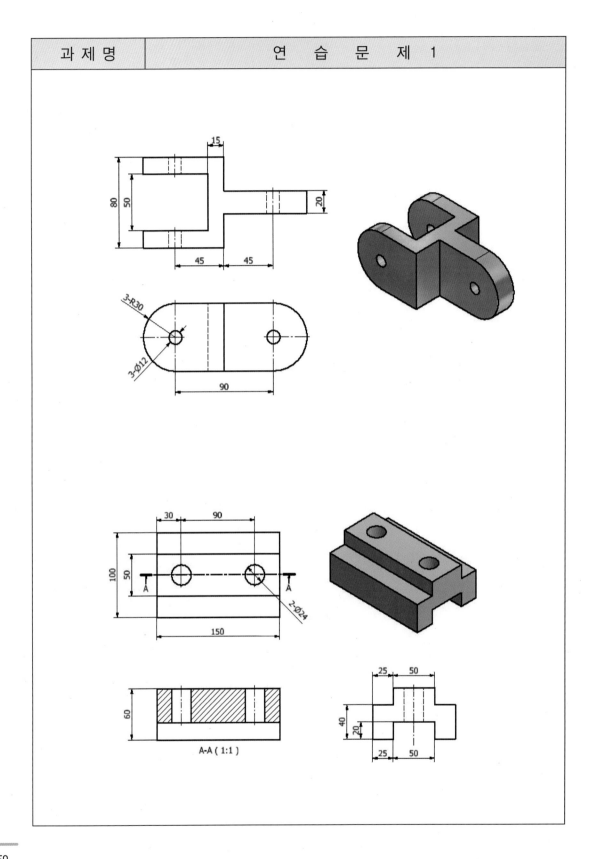

A-A (1:1)

과 제 명	연 습 문 제 2

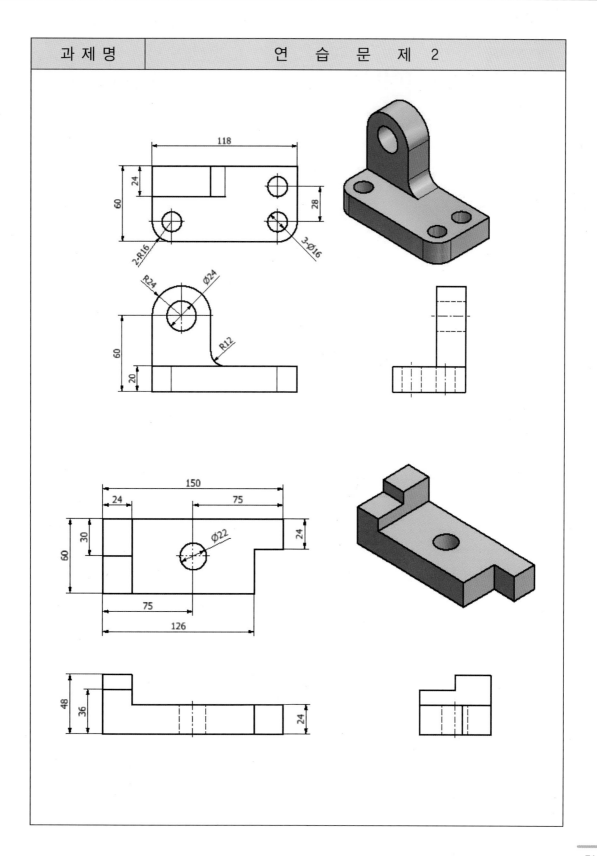

지지대 2 모델링 따라하기

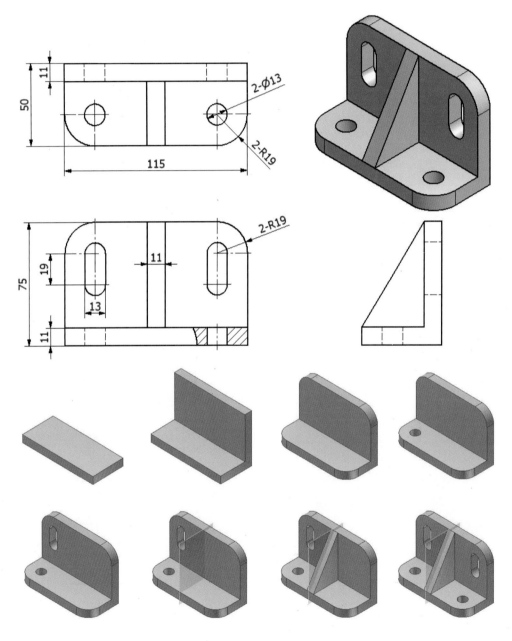

◆ 주물과 주조에서 사용되고 뒤틀림을 방지하는 보강대의 역할과 형상 정의
◆ 열린 프로파일을 사용한 횡단면 작성요령

01 SolidWorks 창 상단에 있는 [새 문서(□)]를 클릭하여 [파트]를 선택하고, [확인(확인)] 버튼을 클릭한다.

02 [FeatureManager 디자인트리]에서 정면을 선택하고, 나타나는 팝업 메뉴에서 [스케치]를 클릭한다.

03 스케치 메뉴에서 [코너사각형(□)]의 [중심사각형(□)] 유형을 이용하여 사각형을 그린다.

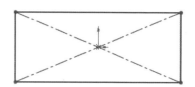

04 Esc 로 선택상태를 바꾸고, Ctrl 을 누른 채로 원점과 선을 선택하고, 중간점 구속조건을 부여한다.

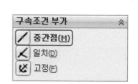

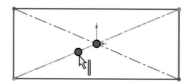

05 [지능형 치수(지능형 치수)]를 클릭하고 그림과 같이 가로 : 115, 세로 : 50 치수를 입력한다.

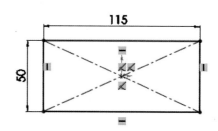

06 [스케치 종료(스케치 종료)]를 선택하고, 3차원 작업에 용이하게 휠 마우스 버튼[MB2]을 이용하여 화면을 회전시킨다.

07 [돌출 보스/베이스(돌출보스/베이)]를 클릭한 후,
나타나는 대화상자에서 다음과 같은
옵션을 설정하고, [확인(✓)]을 클릭
한다.

• 방향1 = [블라인드 형태]
• 깊이 = [11mm]

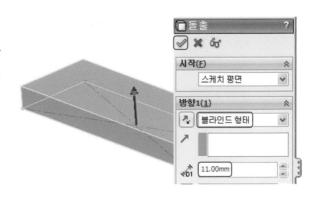

08 기둥을 생성하기 위해 윗면을 선택하고,
[스케치(✑)]를 클릭한다.

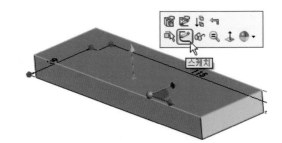

09 [코너사각형(▢)]을 이용하여 사각형을 그리고,
[지능형 치수(지능형치수)]로 치수 11을 입력한다.

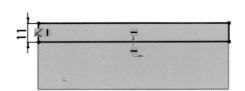

10 [스케치 종료(스케치종료)]를 선택하고, [돌출 보스/베이스(돌출보스/베이)]를 클릭한다.

11 대화상자에서 다음과 같은 옵션을 설정
하고, [확인(✓)]을 클릭한다.

• 방향1 = [블라인드 형태]
• 깊이 = [64mm]

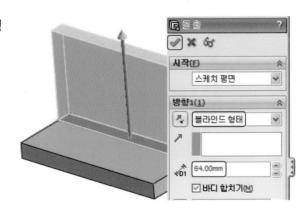

12 [필렛(🔵필렛)]을 선택하고, 대화상자에서 다음과 같은
옵션을 설정한다.

- 필렛 유형 = [부동 반경]
- 필렛 반경(🔵) = [19mm]
- 전체 미리보기에 체크

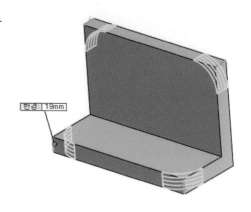

13 필렛이 적용될 네 개의 모서리를 선택하여 지정한다.
[확인(✅)]을 클릭하여 필렛을 완성시킨다.

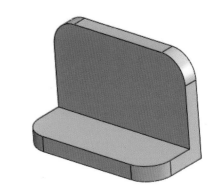

14 형상의 윗면을 선택하고, [스케치(🔵)]를 클릭한다.

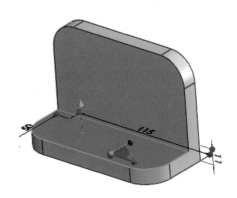

15 [원(🔵▾)]을 클릭하여 필렛 원호의 중심점에 원을
작성한다.

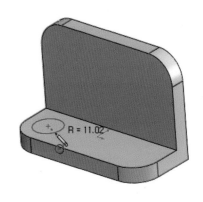

16 [지능형 치수(治수)]를 이용하여 지름 13을 입력하고,
[스케치 종료]를 선택한다.

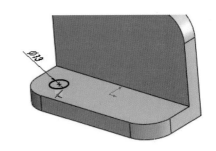

17 [돌출 컷(돌출컷)]을 클릭하여 나타나는 대화상
자에서 [방향1]을 [관통]으로 설정한다.

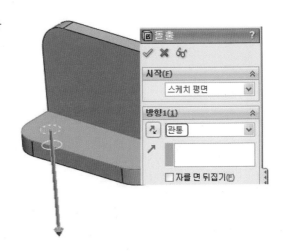

18 [확인(✓)]을 클릭하여 돌출 컷 구멍을 완성시킨다.

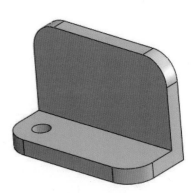

19 형상의 앞면을 선택하고, [스케치(╰)]를 클릭하고,
[Ctrl + 8]을 눌러 스케치할 면을 똑바로 놓는다.

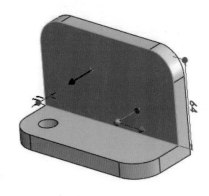

20 [직선홈(⊙)]을 클릭하여 필렛 형상의 원호 중심을 기준으로 슬롯 형상의 직선홈을 ❶ → ❷ → ❸ 순서대로 점을 클릭하여 작성한다. (❶점은 R19 필렛형상의 원호 중심이다.)

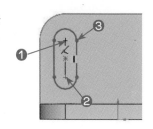

21 [지능형 치수(지능형 치수)]를 이용하여 직선홈의 폭 13과 길이 19를 입력하고, [스케치 종료]를 선택한다.

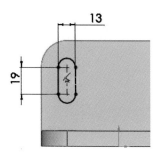

22 [돌출 컷(돌출 컷)]을 클릭하여 나타나는 대화상자에서 [방향1]을 [관통]으로 설정한다.

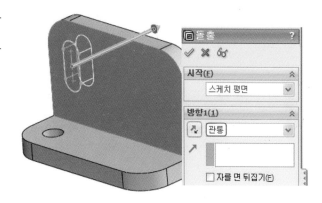

23 [확인(✓)]을 클릭하여 직선홈 돌출 컷을 완성시킨다.

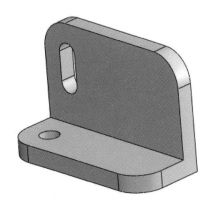

24 가상의 면을 작성하기 위해 [CommandManager] 피처 메뉴에서 [참조 형상] 아래의 역삼각형(▼)을 눌러 [기준면(◈)]을 클릭한다.

25 평면 생성 대화상자에서 평면을 정 의할 기준 요소로 측면을 선택한다.

26 나타나는 [거리(⊢⊣)]에 57.5mm을 입력 하고, **반대방향**에 체크표시를 한다.

27 [확인(✅)]을 클릭하면 기준면이 생 성된다.

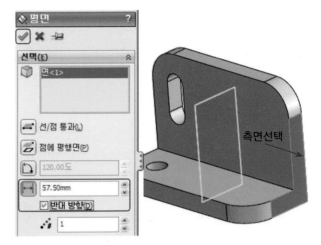

28 생성시킨 기준면을 선택하고, [스케치(〆)]를 클릭하고, [Ctrl+8]을 눌러 스케치할 면을 똑바로 놓는다.

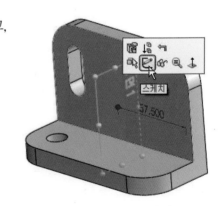

29 [선(＼)]을 이용하여 그림과 같이 선을 그린다.

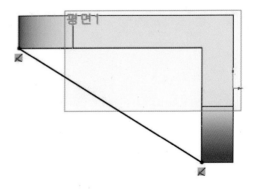

30 [스케치 종료(스케치 중료)]를 선택한다.

31 피처 메뉴에서 [보강대(🔨)]를 이용하여
모델링 형상 안쪽으로 보강대가 생성되
게 방향을 설정한다.

• 두께 = [양면]
• 보강대 두께 = [11mm]
• 돌출방향 = [스케치에 평행]
• 뒤집기 옵션 = [체크 표시]

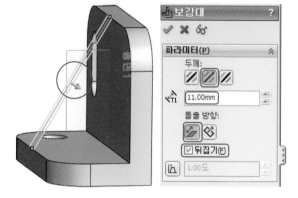

32 [확인(✔)]을 클릭하면 보강대가 생성된다.

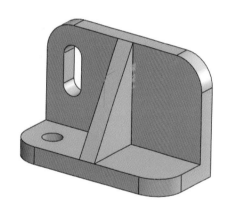

33 대칭되는 형상을 복사하기 위해 [CommandManager] 피처 메뉴에서 [선
형 패턴] 아래의 역삼각형(▼)을 눌러 [대칭 복사(🞰)]를 클릭한다.

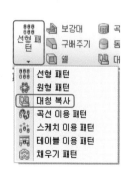

34 대칭 복사 대화상자에서

- 면/평면 대칭 복사 = ❶ 기준면
  선택
- 대칭 복사 피처 = ❷ 구멍과 직선
  홈 선택

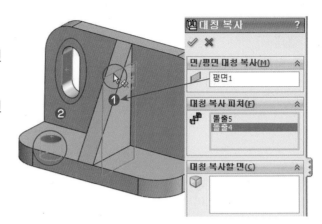

35 [확인(✔)]을 클릭하면 대칭 복사 형상을 생성한다.

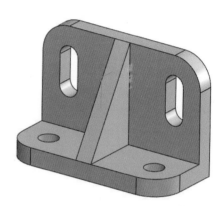

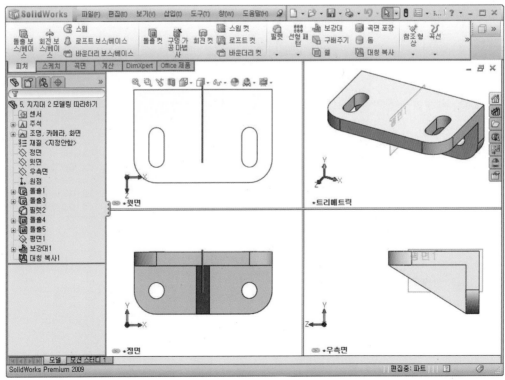

지지대 3 모델링 따라하기

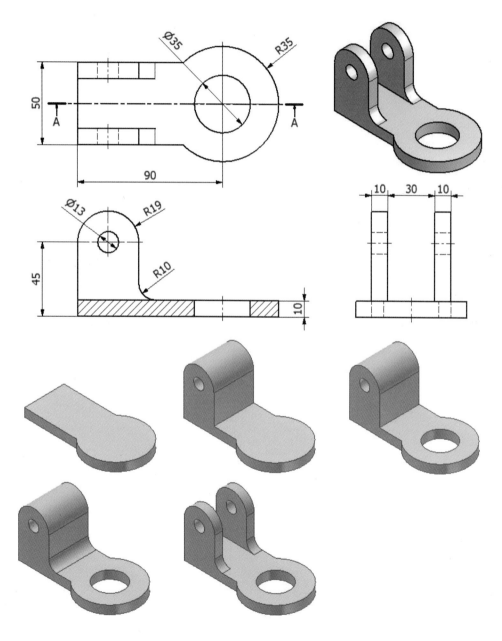

◆ 하나의 스케치에 두 개 이상의 프로파일을 작성하여 형상화하는 요령
◆ 사용자 정의 스케치 작성방법
◆ 돌출 대화상자의 타입에 관한 설명 및 적용방식

01 SolidWorks 창 상단에 있는 [새 문서(□)]를 클릭하여 [파트]를 선택하고, [확인(확인)] 버튼
을 클릭한다.

02 [FeatureManager 디자인트리]에서 정면을 선택하고, 나타나는 팝업
메뉴에서 [스케치]를 클릭한다.

03 스케치 메뉴에서 [코너사각형(□)]과 [원
(⊙ -)]을 이용하여 그림과 같이 작성한다.

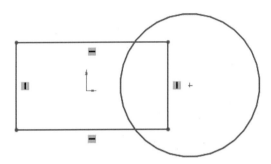

04 [스케치 요소 잘라내기(스케치 잘라...)]를 클릭하면 마
우스 모양이 [✂]처럼 변한다. 이때 불필요
한 요소들을 선택하여 그림과 같이 잘라낸다.

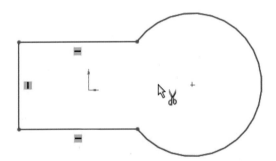

05 [지능형 치수(지능형 치수)]를 이용하여 원과 사각
형의 크기 및 위치를 정하는 치수를 원점
기준으로 기입한다.

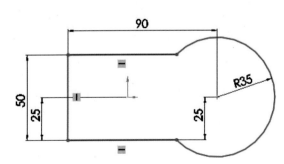

06 [돌출 보스/베이스(돌출보스/베이스)]를 클릭한 후, 나타나는 대화상자에서 다음과 같은 옵션을 설정하고, [확인(✔)]을 클릭한다.

- 방향1 = [블라인드 형태]
- 깊이 = [10mm]

07 기둥을 생성하기 위해 측면을 선택하고, [스케치(✐)]를 클릭한다.

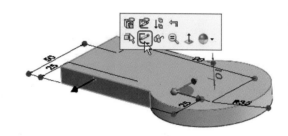

08 [Ctrl+8]을 이용하여 스케치할 면을 똑바로 놓고, [코너사각형(□)]으로 좌측 상단에서부터 사각형을 작성한다.

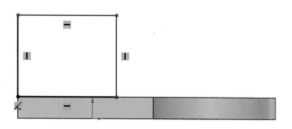

09 [원(⊙▾)]을 활용하여 사각형 위쪽 모서리 중간에 원을 작성한다.

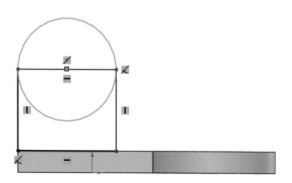

10 [스케치 요소 잘라내기(스케치 잘라...)]의 옵션 [근접 잘라내기(┼)]로 불필요한 요소들을 선택 (⤴✂)하여 그림과 같이 잘라낸다.

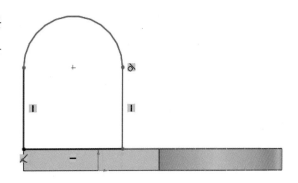

다음과 같은 창이 나타나면 [예(예(Y))]를 클릭한다.

11 위 항목 10번에서 호와 원이 만나는 오른쪽에는 탄젠트(∂) 구속이 자동으로 부여되어 있지만, 왼쪽에는 없다. 그러므로 설계자는 탄젠트 구속조건을 추가시켜야 한다.

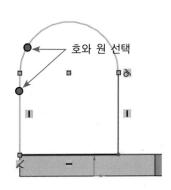

호와 원 선택

12 Ctrl 을 누른 채로 호와 선을 클릭하여 선택한다. 구속조건 부가 창에서 [탄젠트(∂)]를 선택하여 구속조건을 추가시킨다.

13 탄젠트 구속이 적용되었다.
만약, 오른쪽에도 탄젠트 구속이 없다면 설계자는 오른쪽 호와 원 사이에도 같은 방법으로 구속조건을 추가시켜야 한다.

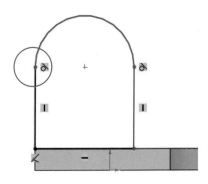

14 [원(⊘ ▾)]을 클릭하여 동심인 원을 작성한다.

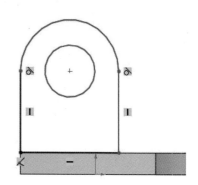

15 [지능형 치수(지능형 치수)]로 각각의 스케치에 대해 치수를 기입한다.

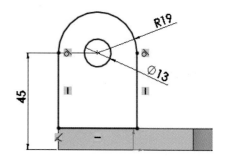

16 [스케치 종료(스케치 종료)]를 선택하고, 3차원 작업에 용이하게 화면을 회전시킨다.

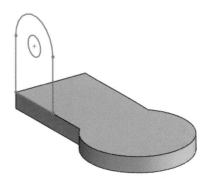

17 [돌출 보스/베이스(돌출 보스/베이스)]를 클릭한 후, 나타나는 대화 상자에서

- 방향1은 [곡면까지]로 지정하고,
- 에서는 형상의 뒷면을 선택한다.

18 [확인(✓)]을 클릭하면 완성된 형상이 나타난다.

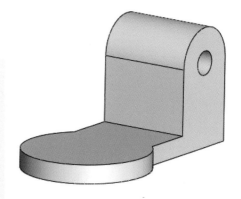

> **TIP**
>
> 돌출 대화상자의 타입에 대하여
> - 블라인드 형태 : 입력하는 치수까지의 작업
> - 관통 : 치수에 관계없이 무한 거리의 돌출(관통)
> - 다음까지 : 스케치가 있는 면에서부터 처음으로 만나는 면까지 작업
> - 꼭짓점까지 : 사용자가 지정하는 꼭짓점까지 작업
> - 곡면까지 : 사용자가 지정하는 평면 또는 곡면까지 작업
> - 곡면으로 오프셋 : 지정한 면에서부터 입력한 치수만큼 남기고 작업
> - 바디까지 : 그래픽 영역에서 돌출 끝이 될 바디(형상) 지정
> - 중간평면 : 입력한 치수만큼 같은 값의 양쪽방향으로 작업
> - 제2방향 : 양쪽방향에 대하여 서로 다른 값으로 작업

19 형상의 윗면을 선택하고, [스케치(ℇ)]를 클릭한다.

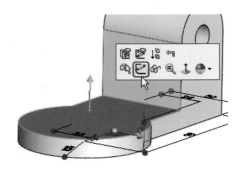

20 [원(◎▾)]을 클릭하여 원호의 중심점을 기준으로 원을 작성하고, [지능형 치수(지능형 치수)]로 지름 35를 입력한 다음, [스케치 종료]를 선택한다.

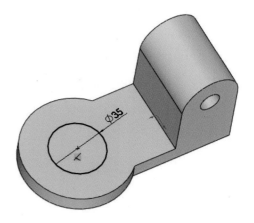

21 [돌출 컷(돌출컷)]을 클릭하여 나타나는
대화상자에서 [방향1]은 [관통]으로 설정
한다.

22 [필렛(필렛)]을 선택하고, 대화상자에서 다
음과 같은 옵션을 설정한다.

- 필렛 유형 = [부동 반경]
- 필렛 반경( ) = [10mm]
- 전체 미리보기에 체크

23 필렛이 적용될 네 개의 모서리를 선택하여 지정한다.
[확인( )]을 클릭하여 필렛을 완성시킨다.

24 형상의 뒷면을 선택하고, [스케치( )]를 클릭한다.

25 [Ctrl + 8]을 이용하여 스케치할 면을 똑바로 놓는다.

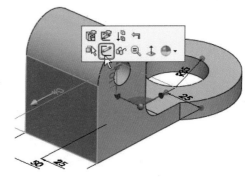

26 [코너사각형(□)]으로 좌측 상단에서부터 사각형을 작성하고, 그림과 같이 사각형의 크기와 위치를 결정하는 치수를 입력한다.

TIP

치수 60은 돌출 컷을 위해 형상보다 큰 치수를 입력하였다.

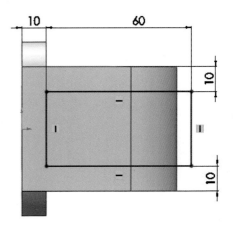

27 [스케치 종료]를 선택하고, [돌출 컷( )]을 이용하여 나타나는 대화상자에서 [방향1]을 [관통]으로 설정한다.

28 형상이 완성되었다.

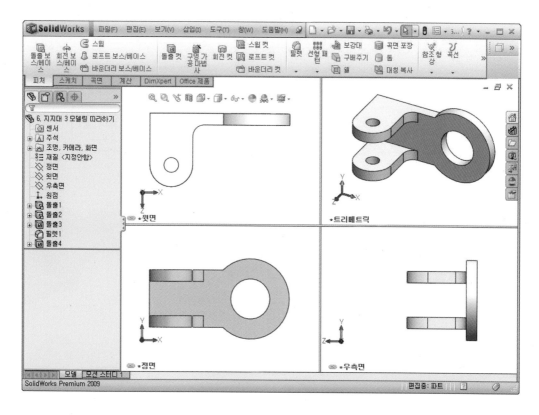

Section 07 Bracket 3 모델링 따라하기

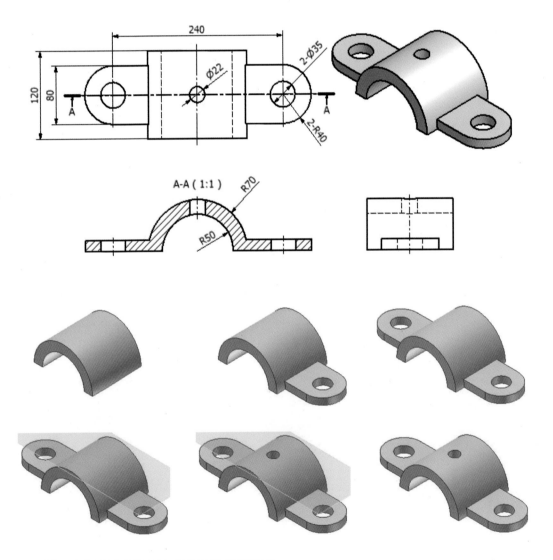

◆ 얇은 피처 옵션 사용으로 돌출두께 제어방법
◆ 판금 파트의 기초로 사용될 수 있는 얇은 피처의 기초 활용예
◆ 평면이나 면에 평행하고 점을 지나는 기준면 작성요령
◆ FeatureManager 디자인 트리 사용요령

01 SolidWorks 창 상단에 있는 [새 문서(□)]를 클릭하여 [파트]를 선택하고, [확인(확인)] 버튼을 클릭한다.

02 [FeatureManager 디자인트리]에서 정면을 선택하고, 나타나는 팝업 메뉴에서 [스케치]를 클릭한다.

03 원점을 기준으로 [원(◎ ▾)]과 [선(＼)]을 이용하여 스케치를 한다.

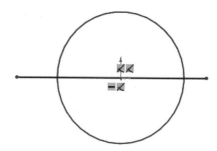

04 [지능형 치수(지능형 치수)]를 이용하여 지름 100을 입력한다.

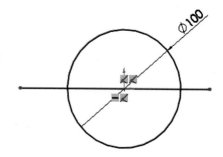

05 [스케치 요소 잘라내기(스케치 잘라...)]로 불필요한 요소들을 선택(▷✂) 하여 그림과 같이 반원만 남기고 나머지는 잘라낸다.

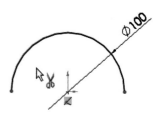

06 [스케치 종료]를 선택하고, 3차원 작업에 용이하게 화면을 회전시 킨다.

07 [돌출 보스/베이스(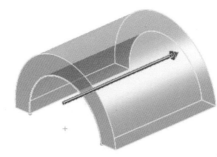)]를 클릭한 후, 나타나는 대화상자에서 다음 과 같은 옵션을 설정하고, [확인(✓)]을 클릭한다.

- 방향1 = [블라인드 형태]
- 깊이 = [120mm]
- 반대방향 ⤢
- 얇은 피처
- 유형 = [한 방향으로]
- 두께 = [20mm]

08 3차원 형상이 만들어졌다.

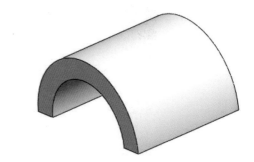

09 모델링 형상을 회전하여, 뒷면을 선택하 고, [스케치(☑)]를 클릭한다.

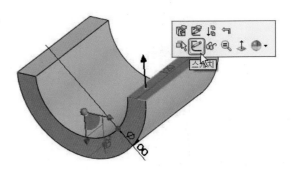

10 [Ctrl + 8]을 이용하여 스케치할 면을 똑바로 놓고,
[코너사각형(□)]으로 사각형을 작성한다.

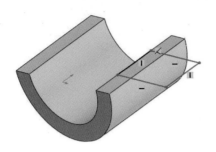
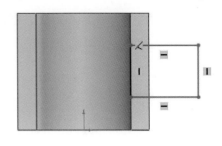

11 [원(⊘ ▾)]을 활용하여 사각형 오른쪽 모서리 중간에 원을 작성
한다.

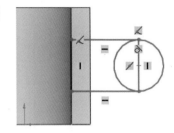

12 [스케치 요소 잘라내기(✂)]의 옵션 [근접 잘라내기(✄)]로
불필요한 요소들을 선택(✂)하여 그림과 같이 잘라낸다.

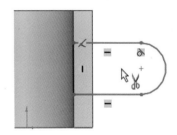

다음과 같은 창이 나타나면 [예(예(Y))]를 클릭한다.

13 탄젠트 구속이 없는 아래쪽 호와 원을
   Ctrl 을 이용하여 선택한다.

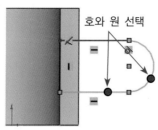
호와 원 선택

14 구속조건 부가 창에서 [탄젠트(﹆)]를
   선택하여 구속조건을 추가시킨다.

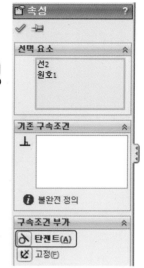

속성

선택 요소
선2
원호1

기존 구속조건

ℹ 불완전 정의

구속조건 부가
﹆ 탄젠트(A)
　 고정(F)

15 탄젠트 구속이 적용되었다.
   만약, 위에도 탄젠트 구속이 없다면 설계자는 오른쪽 호와 원
   사이에도 같은 방법으로 구속조건을 추가시켜야 한다.

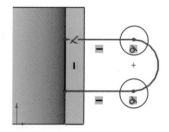

16 [원(⊘ ▾)]을 클릭하여 동심인 원을 작성한다.

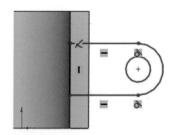

17 [지능형 치수(지능형 치수)]로 각각의 스케치에 대해 치수를
   기입한다.

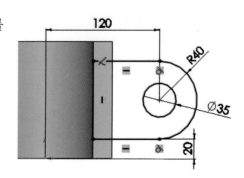

18 [스케치 종료(스케치종료)]를 선택하고, [Ctrl + 7]을 눌러 모델을 화면에서 등각보기로 바꾼다.

19 [돌출 보스/베이스(돌출 보스/베이스)]를 클릭한 후, 나타나는 대화상자에서 다음과 같은 옵션을 설정하고, [확인(✔)]을 클릭한다.

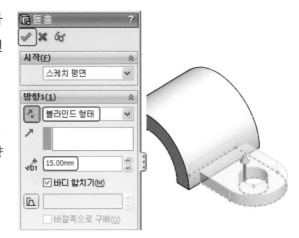

- 방향1 = [블라인드 형태]
- 깊이 = [15mm]
- 반대방향(↗)을 이용하여 돌출방향을 정의한다.

20 3차원 형상이 만들어졌다.

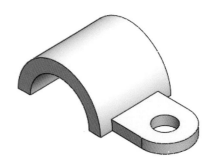

21 대칭되는 형상을 복사하기 위해 [CommandManager] 피처 메뉴에서 [선형 패턴] 아래의 역삼각형(▼)을 눌러 [대칭 복사(🖳)]를 클릭한다.

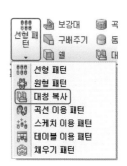

75

22 작업영역의 파트2 앞에 (⊞)을 클릭하여 메뉴를 확장한다.

- 면/평면 대칭 복사의 기준면은 [우측면]을 선택하고,
- 대칭 복사 피처는 위에서 작성한 [돌출 1]을 선택한다.

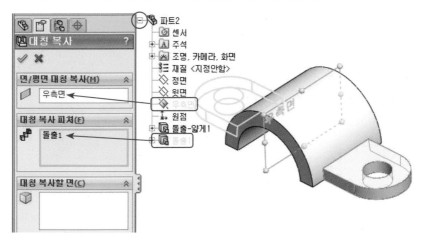

23 [확인(✔)]을 클릭하면 대칭 복사 형상을 생성한다.

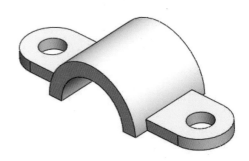

24 가상의 면을 작성하기 위해 [CommandManager] 피처 메뉴에서 [참조 형상]
아래의 역삼각형(▾)을 눌러 [기준면(◈)]을 클릭한다.

25 평면 대화상자에서의 옵션 중 [점에
평행면(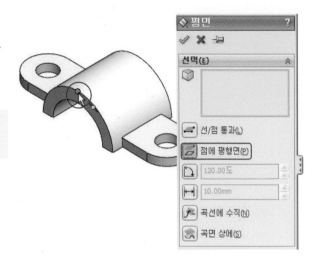)]을 선택하고, 형상의 위쪽
모서리 점을 클릭한다.

TIP

가상면을 만들기 위한 첫 번째 조건으로 [점
에 평행면(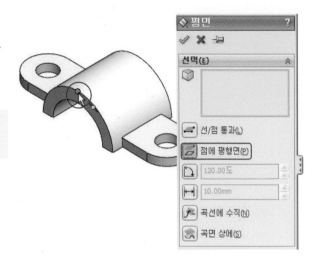)]을 선택한다.

26 계속해서 윗면을 선택한다.

TIP

가상면을 만들기 위한 두 번째 조건으로 윗면
을 선택한다.

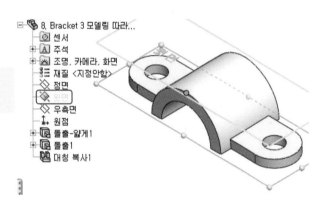

27 [확인(✔)]을 클릭하면 기준면이 생성된다.

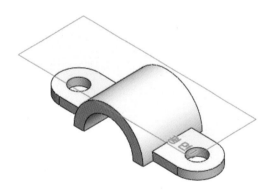

28 생성시킨 기준면을 선택하고, [스케치(✐)]를
클릭하고, [Ctrl]+[8]을 눌러 스케치할 면을
똑바로 놓는다.

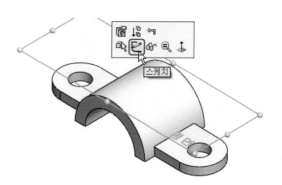

29 [원(⊘·)]을 이용하여 원을 작성
하고, [지능형 치수]로 원의 크기
및 위치를 지정하는 치수를 입력
한다.

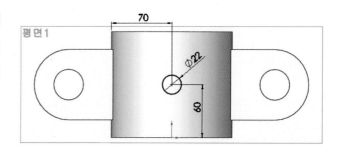

30 [스케치 종료] 및 [Ctrl]+[7]을 선택하고,
[돌출 컷(🗐)]을 클릭하여 나타나는
대화상자에서 [방향1]은 [관통]으로 설정
한다.

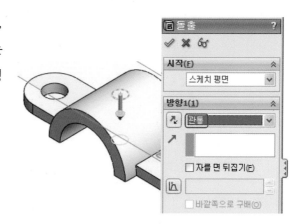

31 [확인(✔)]을 클릭하여 모델링 형상을
완성시킨다.

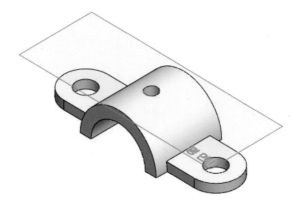

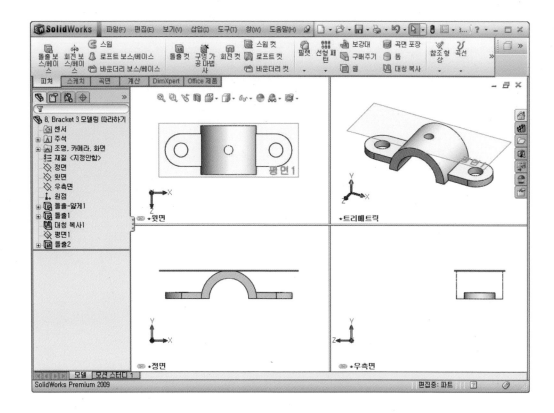

과 제 명	연 습 문 제 1

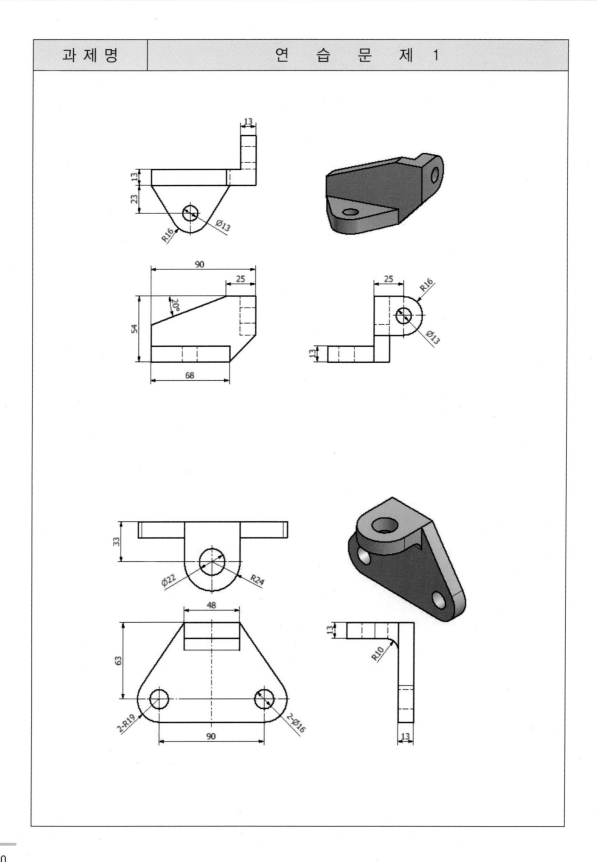

과 제 명	연 습 문 제 2

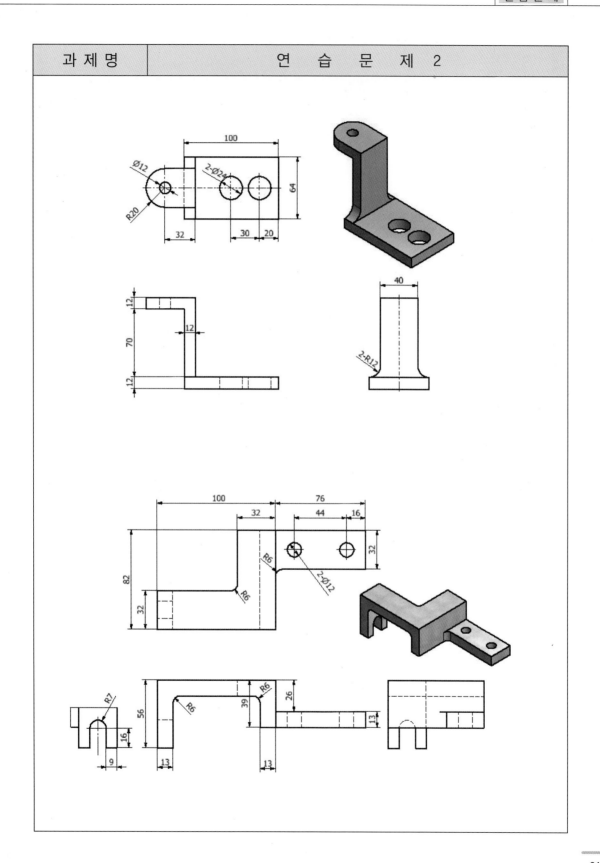

Section 08 Shaft 모델링 따라하기

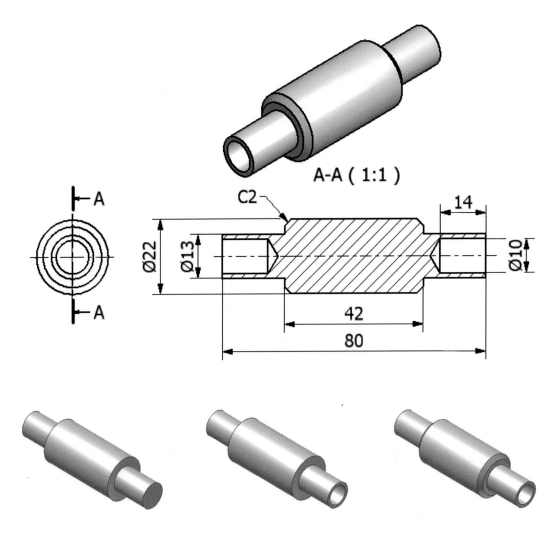

A-A (1:1)

C2

Ø22

Ø13

Ø10

14

42

80

A

A

◆ SolidWorks 메뉴에 없는 아이콘을 불러오는 요령
◆ 스케치 도중 스케치 요소를 대칭 복사하는 방법
◆ 회전명령을 활용한 3차원 형상 모델링
◆ 지정한 평면과 면으로 잘린 것 같이 표시되어 모델 내부를 표시하는 요령

01 SolidWorks 창 상단에 있는 [새 문서(📄)]를 클릭하여 [파트]를 선택하고, [확인(확인)] 버튼
을 클릭한다.

02 [FeatureManager 디자인트리]에서 정면을 선택하고, 나타나는 팝업 메
뉴에서 [스케치]를 클릭한다.

03 스케치 메뉴에서 [중심선(┆)]을 선택하여 원점에서 수직하게
중심선을 그린다.

04 다시 원점을 기준으로 수평하게 [중심선(┆)]을 그
린다.

05 SolidWorks에 없는 아이콘을 메뉴 창에 활성화하는 방법으로 [도구]의 [사용자 정의]에서 [명령]
탭을 클릭한 다음, 카테고리 창의 [스케치]를 선택한다.

06 [동적대칭복사(🖎)]를 드래그하여 스케치 메뉴에 끌어놓는다.

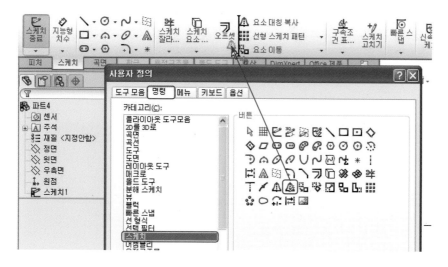

07 [동적대칭복사(⚖)]를 클릭하고, 대칭 기준으로 사용할 선으로 수직 중심선을 선택한다.

08 선택한 수직 중심선의 양 끝에 대칭 기호가 표시된다.

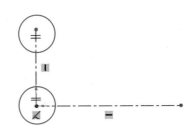

09 [선(＼)]을 이용하여 그림과 같이 축의 단면선을 그린다.

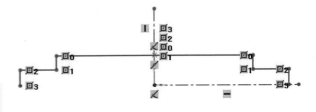

TIP

동적대칭복사는 한쪽에만 그리면 다른 한쪽은 자동 반사되어 그려진다.

10 메뉴에서 [동적대칭복사(⚖)]를 다시 클릭하여 선택 해제를 한다.

11 [지능형 치수(지능형치수)]를 이용하여 그림과 같이 치수를 입력하고, [스케치 종료]를 선택한다.

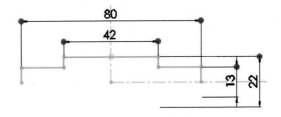

12 [회전 보스/베이스(회전보스/베이스)]를 클릭한다. 다음과 같은 창이 나타나면 [예(　예(Y)　)]를 클릭한다.

13 스케치에서 중심선을 두 개 작성했기 때문에 자동으로 회전축이 인식되지 않는다. 회전축 선택 부분에서 수직 중심선을 선택한다.
(얇은 피처에 체크를 하지 않는다.)

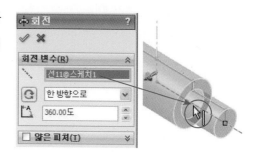

14 [확인(✓)]을 클릭하여 축 모델링을 완성한다.

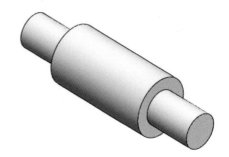

15 생성된 축의 단면을 확인하기 위해 [보기〉표시〉단면보기]를 클릭하거나, [단면보기(📧)]를 클릭한다.

단면도 창의 단면1(1) 옵션에서 [정면(🔲)]을 선택하여 단면을 확인한다.

[확인(✓)]을 클릭한다.

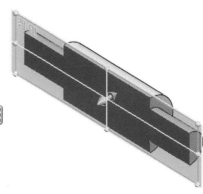

16 [구멍 가공 마법사(구멍가공마법사)]를 클릭한다.

17 구멍 스팩 대화상자의 옵션에서 다음과 같이 설정한다.

❶ 구멍 유형 = [구멍(🔲)]

❷ 표준 = [KS]

❸ 유형 = [드릴크기]

❹ 구멍 스팩의 크기 = [Ø10.0]

❺ 마침 조건 = [블라인드 형태]

❻ 구멍 깊이 = [14mm]

❼ 구멍 스팩 상단의 위치(🔩 위치) 탭을 클릭한다.

18 구멍의 중심점으로 축 양쪽의 면 중심을 찾아 점을 클릭한다.

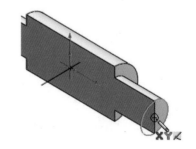

19 [확인(✅)]을 클릭하여 작업을 마친다.

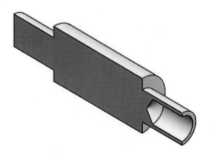

20 축의 반대쪽 면에도 같은 방법의 [구멍 가공 마법사( )]를 실행하여 구멍을 작성한다.

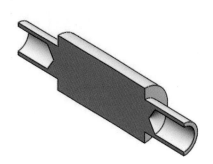

21 작업창 상단의 [단면보기( )]를 클릭하여 전체 형상보기를 한다.

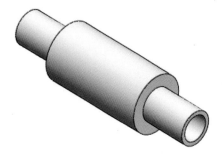

22 [모따기( )]를 클릭하여 모따기 거리 2를 지정하고, 그림처럼 표시된 곳에 모따기를 한다.

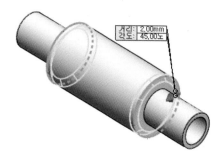

23 [확인( )]을 클릭하여 모따기를 완성한다.

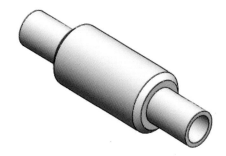

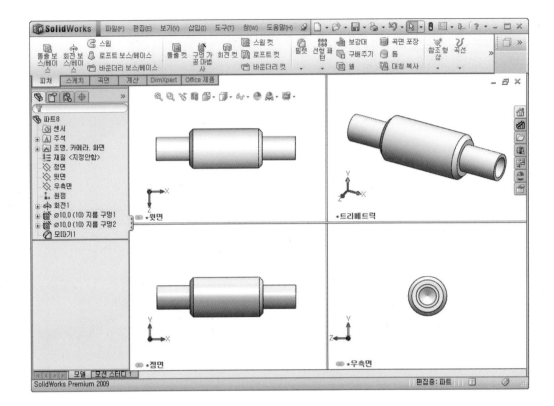

Flange 1 모델링 따라하기

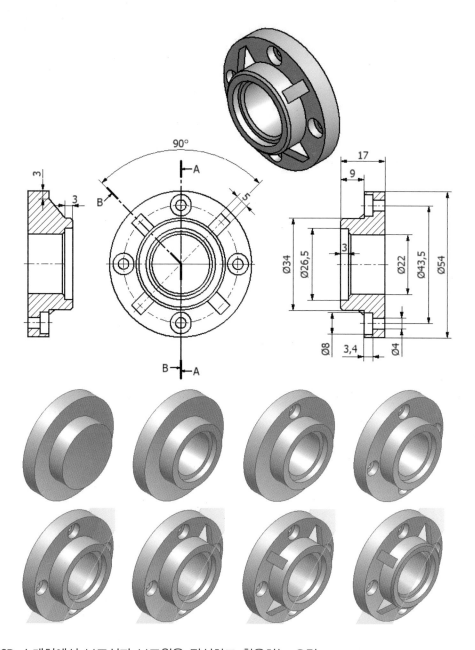

◆ 2D 스케치에서 보조선과 보조원을 작성하고 활용하는 요령
◆ 구멍의 중심점 지정 중에서 스케치 점을 활용하는 방법
◆ 사용자 정의의 임시축 생성과 함께 원형패턴으로 피처 생성요령
◆ 임의의 각도로 기울어진 기준면 작성방안

01 SolidWorks 창 상단에 있는 [새 문서(🗋)]를 클릭하여 [파트]를 선택하고, [확인(확인)] 버튼을 클릭한다.

02 [FeatureManager 디자인트리]에서 정면을 선택하고, 나타나는 팝업 메뉴에서 [스케치]를 클릭한다.

03 스케치 메뉴에서 [중심선(┊)]을 선택하여 원점에서 수평하게 중심선을 그린다.

04 [선(╲)]을 이용하여 그림과 같이 닫혀있는 플랜지의 단면선을 그린다.

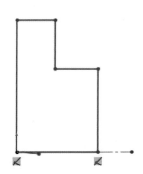

05 [지능형 치수(치수)]를 이용하여 그림과 같이 치수를 입력하고, [스케치 종료]를 선택한다.

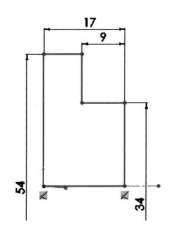

06 [회전 보스/베이스(회전보스/베이스)]를 클릭한다.
스케치와 중심선이 하나씩 존재하므로
회전 대화상자에서 회전 변수의 [회전축
(↘)]이 자동으로 지정되어 미리보기하면
회전 형상이 보인다.

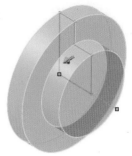

07 [확인(✓)]을 클릭하여 플랜지 모델링을 완성한다.

08 [FeatureManager 디자인트리]에서 정면을
선택하고, 나타나는 팝업 메뉴에서 [스케
치]를 클릭한다.

[Ctrl]+[8]을 눌러 선택한 스케치 면에
수직보기를 한다.

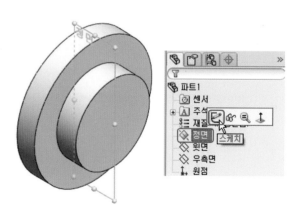

09 [중심선(┊)]을 선택하여 원점에서 수평하게 중심선을 그린다.

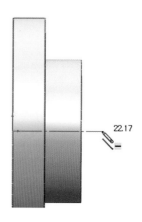

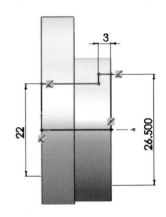

10 [선(✏)]을 이용하여 그림과 같이 닫혀있는 플랜지의 단면선을 그린다.

11 [지능형 치수(📏)]를 이용하여 그림과 같이 치수를 입력하고, [스케치 종료]를 선택한다.

12 [회전 컷(🔩)]을 클릭한다.

스케치와 중심선이 하나씩 존재하므로 미리보기하면 회전 형상이 보인다.

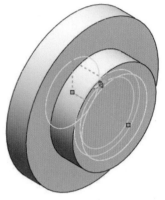

13 [확인(✅)]을 클릭하여 플랜지 모델링을 완성한다.

14 구멍의 중심점을 생성하기 위해 뒷면을 선택하고, [스케치
(🖉)]를 클릭한다.

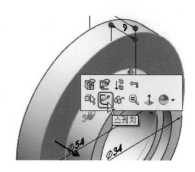

15 [선(＼)]과 [원(◎ ·)]을 이용하여 원점에서부터 그림과 같이
스케치를 한다. 원의 지름을 43.5mm로 입력한다.

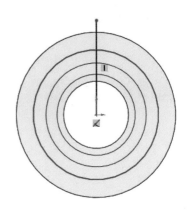

16 방금 작성한 선과 원을 Ctrl 키를 이
용하여 선택하고, 나타나는 Feature
Manager 메뉴에서 [보조선]에 체크를
하여 보조선으로 전환시킨다.

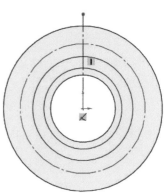

17 [점(＊)]을 이용하여 작성한 보조선과 보조원이 만나는 교차
점에 점을 작성한다.

[스케치 종료]를 선택한다.

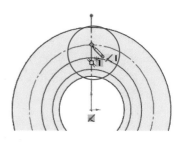

18 [**구멍가공마법사**(구멍가공마법사)]를 클릭한다.

19 구멍 스팩 대화상자의 옵션에서 다음과 같이 설정한다.

❶ 구멍 유형 = [카운터 보어(📷)]

❷ 표준 = [KS]

❸ 사용자 정의 크기 표시에 체크(✅)

❹ 관통 구멍 지름 = [4mm]

❺ 카운터보어 지름 = [8mm]

❻ 카운터보어 깊이 = [3.4mm]

❼ 마침조건 = [관통]

❽ 구멍 스팩 상단의 위치([📷 위치]) 탭을 클릭한다.

20 구멍의 중심점으로 위 항목 17번에서 작성한 스케치 점을 찾아 클릭한다.

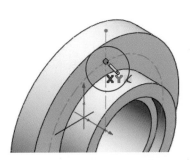

21 [**확인**(✅)]을 클릭하여 구멍을 완성한다.

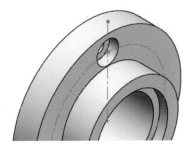

22 스케치 형상을 만들 때나 원형 패턴에 축을 사용할 수
있게 [보기 〉 임시축]을 클릭하여 화면에 표시한다.

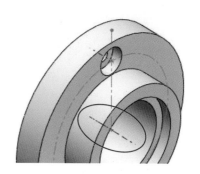

23 대칭되는 형상을 복사하기 위해 [CommandManager] 피처 메뉴에서
[선형 패턴] 아래의 역삼각형(▾)을 눌러 [원형 패턴(▧)]을 클릭한다.

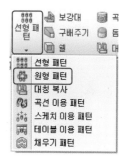

24 나타나는 원형 패턴 대화상자에서 다
음과 같이 설정한다.

• 축 = [보이는 임시축 선택]
• 인스턴스 수 = [4]
• 동등 간격 = [체크]
• 패턴할 피처 = [생성한 구멍 선택]

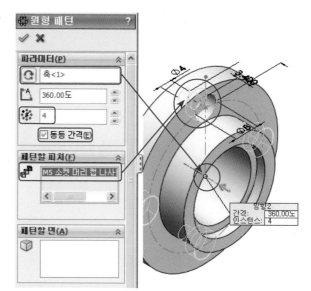

25 [확인(✓)]을 클릭하여 원형패턴을 완성한다.

26 가상의 면을 작성하기 위해 [Command
Manager] 피처 메뉴에서 [참조 형상] 아래
의 역삼각형(▾)을 눌러 [기준면(◈)]을 클
릭한다.

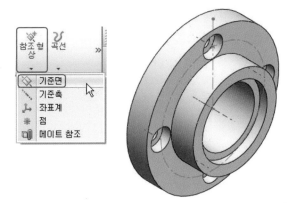

27 평면 생성 대화상자에서 ❶임시축을 선택한다. ❷참조면으로 정면을 선택한다. ❸각도(◻)
45를 입력한다. [확인(✔)]을 클릭하여 기준면을 완성한다.

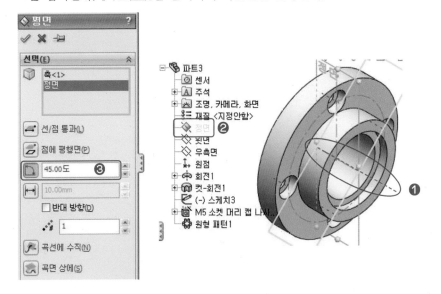

28 생성시킨 기준면을 선택하고, [스케치(⌒)]를 클릭
한다.

[Ctrl + 8]을 눌러 스케치할 면을 똑바로 놓는다.

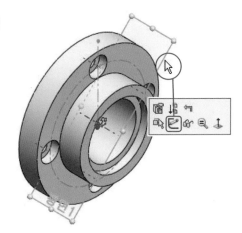

29 [선(✎)]을 이용하여 그림과 같이 선을 그린다.

30 [스케치 종료]를 선택한다.

31 피처 메뉴에서 [보강대(🔖)]를 이용
하여 모델링 형상 안쪽으로 보강대
가 생성되게 방향을 설정한다.

- 두께 = [양면]
- 보강대 두께 = [6mm]
- 돌출방향 = [스케치에 평행]
- 뒤집기 옵션 = [체크 표시(✅)]

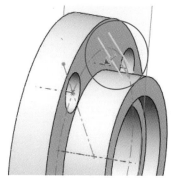

32 [확인(✅)]을 클릭하면 보강대가 생성된다.

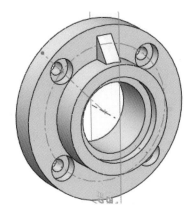

33 [원형 패턴(🔆)]을 클릭하여 나타
나는 원형 패턴 대화상자에서 다
음과 같이 설정한다.

- 축 = [보이는 임시축 선택]
- 인스턴스 수 = [4]
- 동등 간격 = [체크]
- 패턴할 피처 = [생성한 보강
  대 선택]

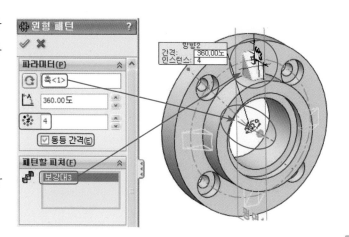

34 [확인(✅)]을 클릭하여 원형패턴을 완성한다.

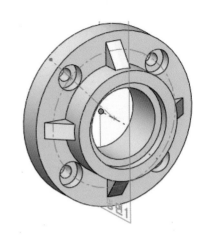

35 [모따기(🔷)]를 클릭하여 모따기 거리 1을 지정하고,
그림처럼 표시된 곳에 모따기를 한다.

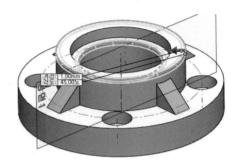

36 [확인(✅)]을 클릭하여 원형패턴을 완성한다.

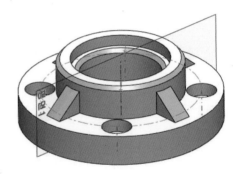

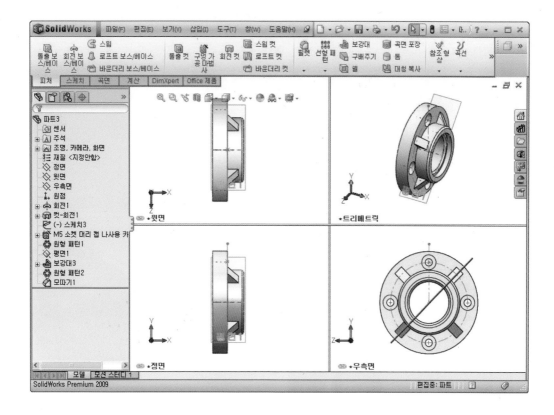

Section 10 Flange 2 모델링 따라하기

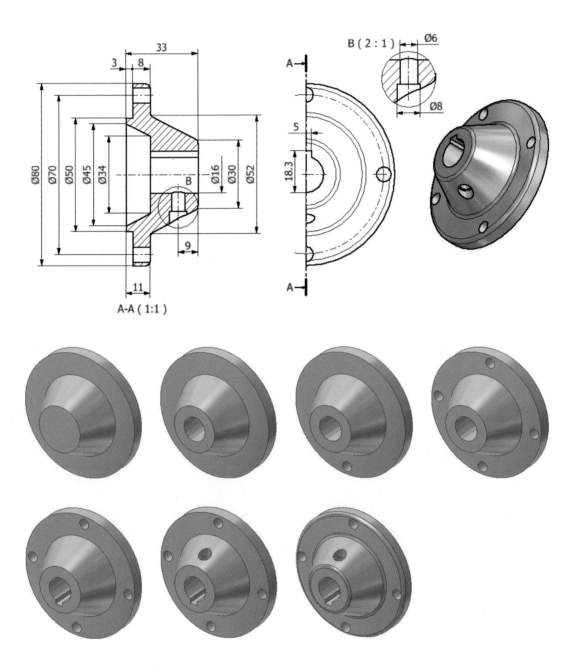

01 SolidWorks 창 상단에 있는 [새 문서(□)]를 클릭하여 [파트]를 선택하고, [확인(확인)] 버튼을 클릭한다.

02 [FeatureManager 디자인트리]에서 정면을 선택하고, 나타나는 팝업 메뉴에서 [스케치]를 클릭한다.

03 스케치 메뉴에서 [중심선(┆)]을 선택하여 원점에서 수평하게 중심선을 그린다.

04 [선(╲)]을 이용하여 그림과 같이 닫혀있는 플랜지의 단면선을 그린다.

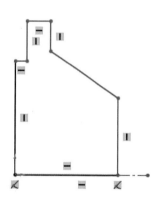

05 [지능형 치수(지능형 치수)]를 이용하여 그림과 같이 치수를 입력하고, [스케치 종료]를 선택한다.

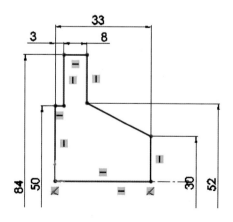

06 [회전 보스/베이스(회전보스/베이)]를 클릭한다.

스케치와 중심선이 하나씩 존재하므로 회전 대화상자에서 회전 변수의 [회전 축(↘)]이 자동으로 지정되어 미리보기하면 회전 형상이 보인다.

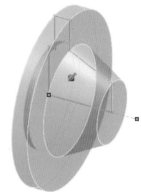

07 [확인(✔)]을 클릭하여 플랜지 모델링을 완성한다.

08 [FeatureManager 디자인트리]에서 정면을 선택하고, 나타나는 팝업 메뉴에서 [스케치]를 클릭한다.

[Ctrl+8]을 눌러 선택한 스케치 면에 수직보기를 한다.

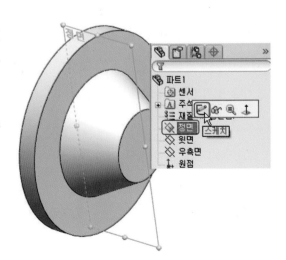

09 [중심선(⋮)]을 선택하여 원점에서 수평하게 중심선을 그린다.

10 [선(↘)]을 이용하여 그림과 같이 닫혀있는 플랜지의 단면선을 그린다.

11 [지능형 치수(지능형치수)]를 이용하여 그림과 같이 치수를 입력하고, [스케치 종료]를 선택한다.

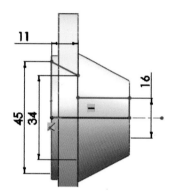

12 [회전 컷(회전컷)]을 클릭한다.

스케치와 중심선이 하나씩 존재하므로 미리보기하면 회전 형상이 보인다.

13 [확인(✔)]을 클릭하여 플랜지 모델링을 완성한다.

14 [보기] – [표시] – [단면표시]를 선택하거나, [단면 보기(🔳)]를 클릭한다.

15 단면도1(1)=정면(🔳)을 선택하여, 단면을 확인해 본다.

취소(✖)를 클릭하여 창을 닫는다.

16 구멍의 중심점을 생성하기 위해 앞면을 선택하고, [스케치 (✒)]를 클릭한다.

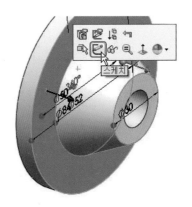

17 [선(╲)]과 [원(◎ ▾)]을 이용하여 원점에서부터 그림과 같이 스케치를 한다. 원의 지름을 70으로 입력한다.

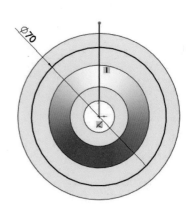

18 방금 작성한 선과 원을 Ctrl 키를 이
용하여 선택하고, 나타나는 Feature
Manager 메뉴에서 [보조선]에 체크를
하여 보조선으로 전환시킨다.

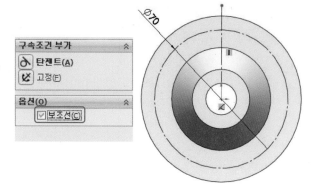

19 [점(＊)]을 이용하여 작성한 보조선과 보조원이 만나는
교차점에 점을 작성한다.
[스케치 종료]를 선택한다.

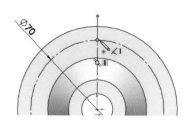

20 [구멍가공마법사(구멍 가공 마법 사)]를 클릭한다.

21 구멍 스팩 대화상자의 옵션에서 다음과 같이 설정한다.

❶ 구멍 유형 = [일반 구멍(▯)]

❷ 표준 = [KS]

❸ 유형 = [드릴 크기]

❹ 크기 =[∅6.6]

❺ 마침조건 = [관통]

❻ 구멍 스팩 상단의 위치(위치) 탭을 클릭한다.

105

22 구멍의 중심점으로 위 항목 17번에서 작성한 스케치 점을 찾아 클릭한다.

23 [확인(✔)]을 클릭하여 구멍을 완성한다.

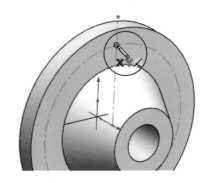

24 스케치 형상을 만들 때나 원형 패턴에 축을 사용할 수 있게 [보기 〉 임시축]을 클릭하여 화면에 표시한다.

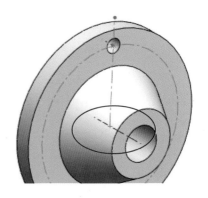

25 대칭되는 형상을 복사하기 위해 [CommandManager] 피처 메뉴에서 [선형 패턴] 아래의 역삼각형(▼)을 눌러 [원형 패턴(⬡)]를 클릭한다.

26 나타나는 원형 패턴 대화상자에서 다음과 같이 설정한다.

- 축 = [보이는 임시축 선택]
- 인스턴스 수 = [4]
- 동등 간격 = [체크]
- 패턴할 피처 = [생성한 구멍 선택]

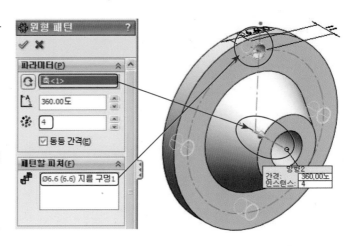

27 [확인(✔)]을 클릭하여 원형패턴을 완성한다.

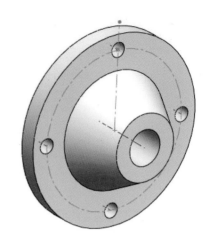

28 키 구멍을 생성하기 위해 경사진 앞면을 선택하고, [스케치(✏)]를 클릭한다. [Ctrl+8]을 눌러 스케치할 면을 똑바로 놓는다.

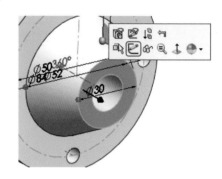

29 [코너사각형(▢)]으로 사각형을 작성하고, [지능형 치수 (지능형치수)]를 이용하여 치수를 기입한다.

[스케치 종료]를 선택한다.

30 [돌출 컷(돌출컷)]을 클릭하여 [방향1]을 [관통]으로 설정한다.

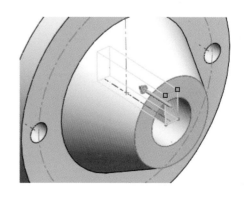

31 볼트 구멍을 생성하기 위해 정면을 선택
하고, [스케치(✏)]를 클릭한다. [Ctrl+8]
을 눌러 스케치할 면을 똑바로 놓는다.

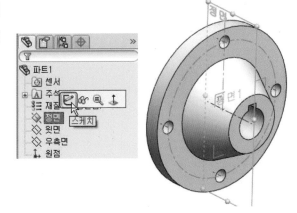

32 [보기] – [표시] – [단면표시]를 선택하거나, [단면
보기(📖)]를 클릭한다.

33 단면도1(1)=정면(⬛)을 선택하여, 단면을 확인하
고, [확인(✔)]을 클릭한다.

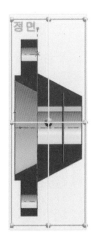

34 [선(╲ᐧ)]과 [지능형 치수(지능형 치수)]를 이용하여 그림과 같이 작성
한다.
[스케치 종료]를 선택한다.

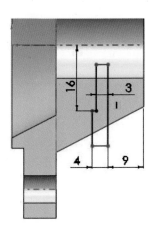

35 [회전 컷(회전컷)]을 클릭하고, 나타나는 회전
변수의 회전축으로 선을 선택하고, [확인
(✓)]을 클릭한다.

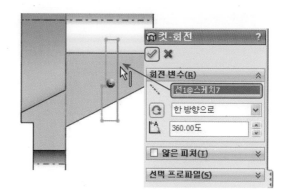

36 [단면보기(📷)]를 클릭하여 전체 형상을 보기한다.

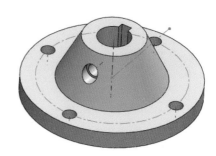

37 [필렛(🔩)]을 이용하여 R2를 모서리에 적용시킨다.

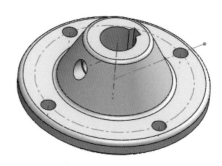

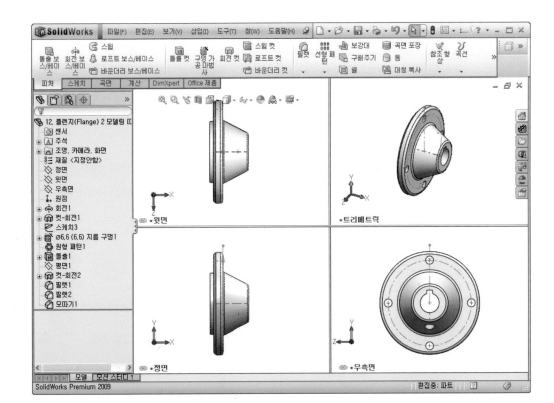

과 제 명	연 습 문 제 1

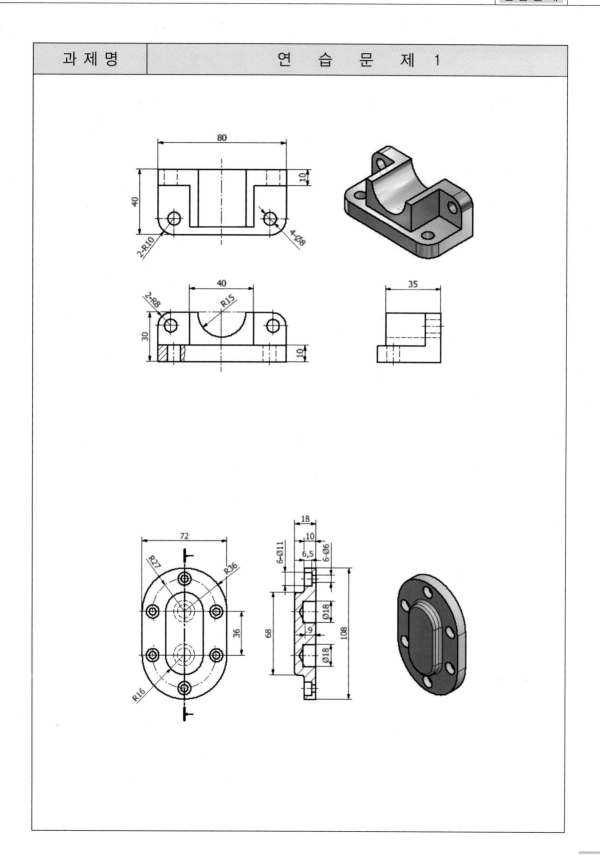

과 제 명	연 습 문 제 2

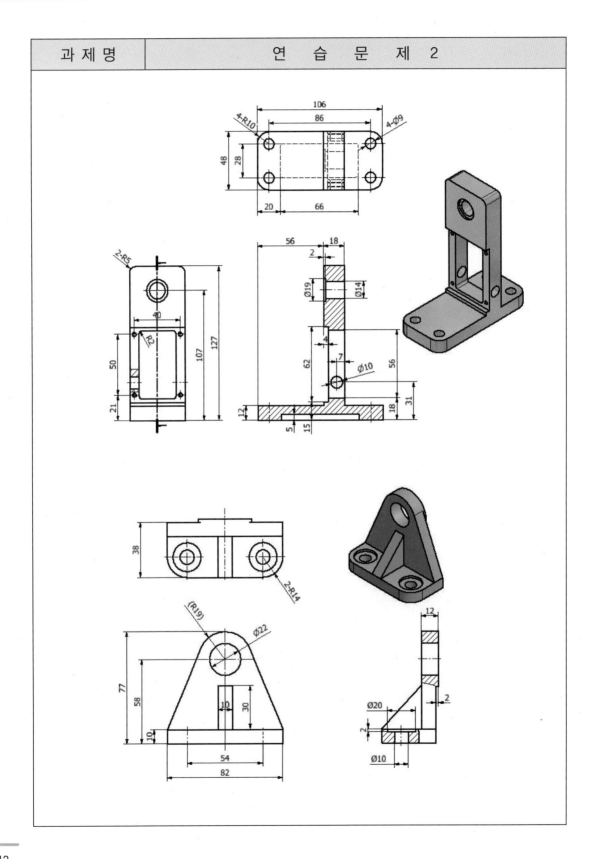

구조물 1 모델링 따라하기

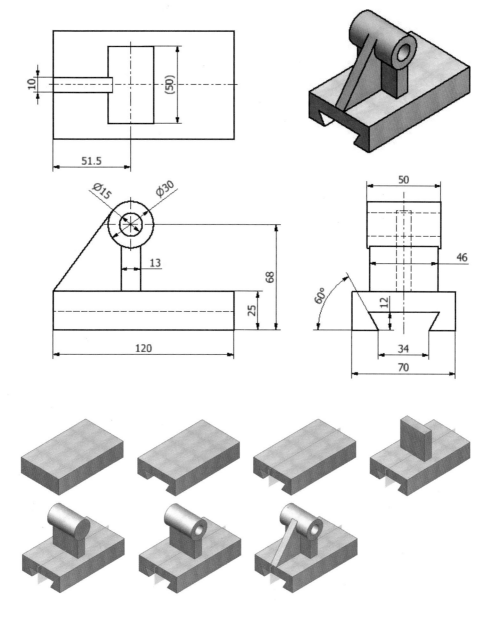

◆ 중간평면 스케치를 통한 양방향 돌출방법 적용
◆ 사용자 정의 스케치를 통한 보강대 작성요령
◆ 대각선 스케치 작성 후, 각도를 가지는 선의 치수기입요령

01 SolidWorks 창 상단에 있는 [새 문서(🗋)]를 클릭하여 [파트]를 선택하고, [확인(확인)] 버튼
을 클릭한다.

02 [FeatureManager 디자인트리]에서 정면을 선택하고, 나타나는 팝업
메뉴에서 [스케치]를 클릭한다.

03 스케치 메뉴에서 [코너사각형(□)]을 이용
하여 그림과 같이 작성하고, [지능형 치수
(지능형치수)]를 이용하여 치수를 기입한다.

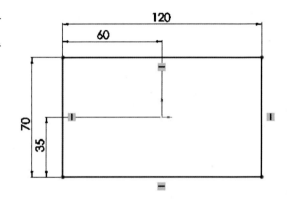

04 [돌출 보스/베이스(돌출보스/베이스)]를 클릭한 후, 다
음과 같은 옵션을 설정하고, [확인(✓)]을
클릭한다.

• 방향1 = [블라인드 형태]
• 깊이 = [25mm]

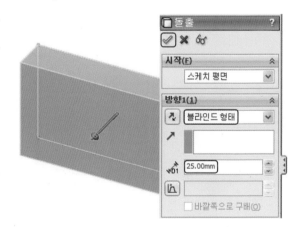

05 슬롯을 생성하기 위해 앞면을 선택하고,
[스케치(└)]를 클릭한다.

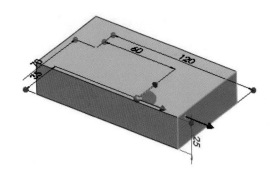

06 [Ctrl + 8]을 이용하여 스케치할 면을 똑바로 놓고, [선(\ ·)]을 이용해
서 좌측에 그림처럼 닫혀있는 선을 작성한다.

07 [지능형 치수(지능형 치수)]를 이용하여 치수를 기입한다.

08 [스케치 종료(스케치 종료)]을 선택하고, 3차원 작업에 용이하게 화면을 회전
시킨다.

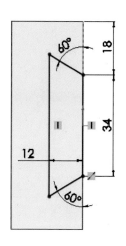

09 [돌출 컷(돌출컷)]을 이용하여 나타
나는 대화상자에서 [방향1]을 [관
통]으로 설정한다.

10 [확인(✓)]을 클릭하여 돌출 컷을
완성시킨다.

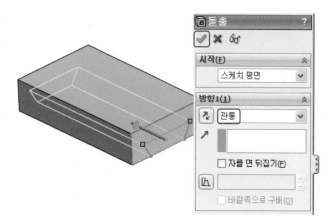

11 가상의 면을 작성하기 위해 [CommandManager] 피처 메뉴에서 [참조 형상]
아래의 역삼각형(▾)을 눌러 [기준면(◈)]을 클릭한다.

12 평면 생성 대화상자에서 평면을 정의할 기준 요소로 측면을 선택한다. 나타나는 [거리(⊢⊣)]에 35mm를 입력하고, 반대방향에 체크 표시를 한다.

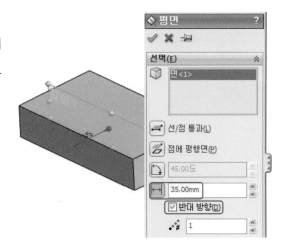

13 [확인(✓)]을 클릭하면 기준면을 생성한다.

14 방금 작성한 기준면을 선택하고, [스케치(✐)]를 클릭한다.

15 [Ctrl + 8]을 이용하여 스케치할 면을 똑바로 놓는다.

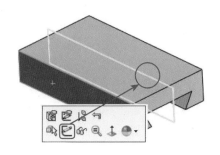

16 [코너사각형(▢)]을 이용하여 그림과 같이 작성하고, [지능형 치수(지능형 치수)]를 이용하여 치수를 기입한다.

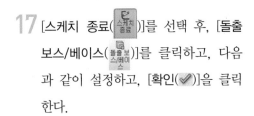

17 [스케치 종료(스케치 종료)]를 선택 후, [돌출 보스/베이스(돌출보스/베이스)]를 클릭하고, 다음과 같이 설정하고, [확인(✓)]을 클릭한다.

• 방향1 = [중간 평면]
• 깊이 = [46mm]

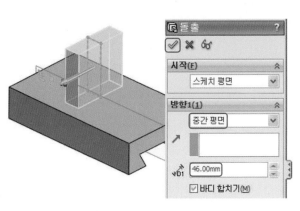

18 돌출 보스/베이스가 가상 평면에 생성된다.

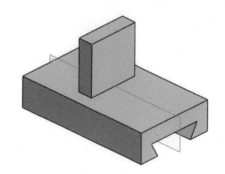

19 방금 작성한 기준면을 선택하고, [스케치(⌐)]를 클릭
한 후, [Ctrl+8]을 이용하여 스케치할 면을 똑바로
놓는다.

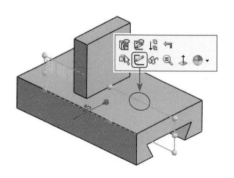

20 [원(⊘ ▾)]을 클릭하여 모서리의 가운데를 중심점으로
원을 작성한다.

21 [지능형 치수(지능형치수)]로 지름 30을 입력한 다음, [스케치
종료]를 선택한다.

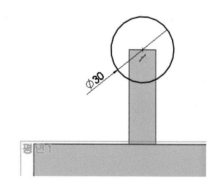

22 [돌출 보스/베이스(돌출 보스/베이스)]를 클릭하고, 다
음과 같이 설정하고, [확인(✓)]을 클릭
한다.

• 방향1 = [중간 평면]
• 깊이 = [50mm]

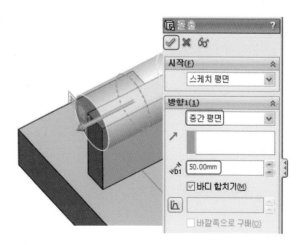

23 모델링 형상의 측면을 선택하고, [스케치(✐)]를 클릭한 후, [Ctrl+8]을 이용하여 스케치할 면을 똑바로 놓는다.

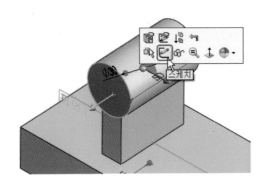

24 [원(⊘ ▾)]을 이용하여 원호의 중심점과 일치되게 원을 그리고, [지능형 치수(지능형치수)]로 지름 15 치수를 입력한다.

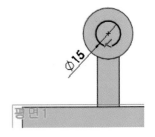

25 [스케치 종료(스케치 종료)]를 선택하고, [돌출 컷(돌출컷)]을 클릭하여 나타나는 대화상자에서 [방향1 = [관통]] 옵션을 설정한다.

26 작성한 기준면을 선택하고, [스케치(✐)]를 클릭한 후, [Ctrl+8]을 이용하여 스케치할 면을 똑바로 놓는다.

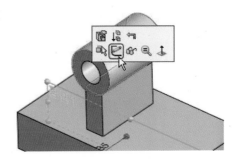

27 [선(\)]을 이용하여 그림과 같이 사각형 블록의
　 모서리 끝점을 기준으로 원통에 Tangent(접하는)
　 선을 길게 작성한다.

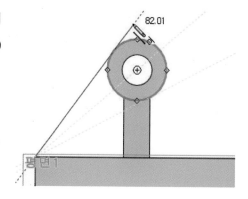

28 원통 모서리를 선택하고, [스케치 요소변환(스케치 요소...)]을 클
　 릭하여, 선택한 모델의 모서리를 스케치 요소를 변환
　 한다.

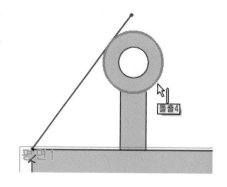

29 [스케치 요소 잘라내기(스케치 잘라...)]로 불필요한 요소들을 선택
　 (✂)하여 그림과 같이 잘라낸다.

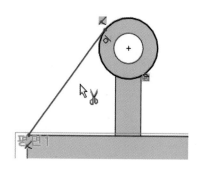

30 스케치 요소변환으로 생성된 원통 모서리의 선은 삭제
　 한다.

31 [스케치 종료(스케치 종료)]를 선택한다.

32 피처 메뉴에서 [보강대(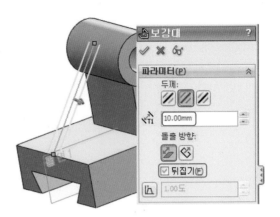)]를 이용하여 모델
링 형상 안쪽으로 보강대가 생성되게 방향을
설정한다.

- 두께 = [양면]
- 보강대 두께 = [10mm]
- 돌출방향 = [스케치에 평행]
- 뒤집기 옵션 = [체크 표시(✔)]

33 [확인(✔)]을 클릭하면 보강대가 생성된다.

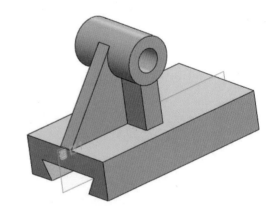

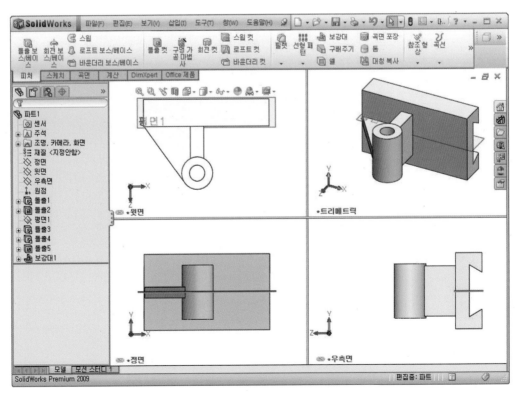

Section 12 구조물 2 모델링 따라하기

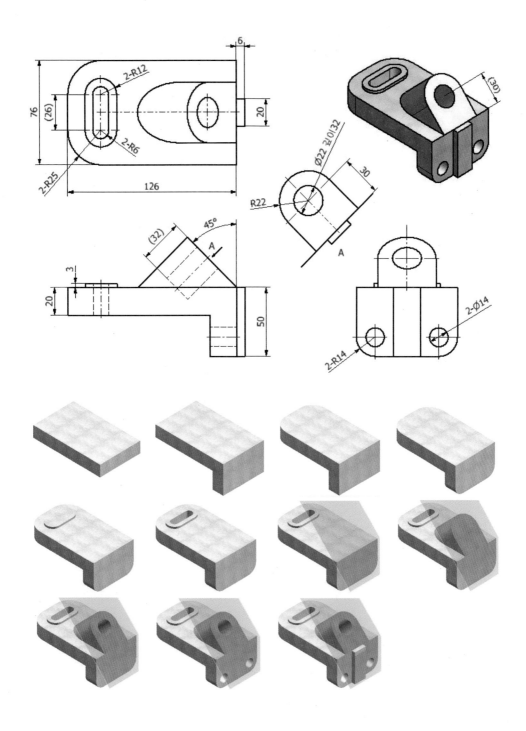

01 SolidWorks 창 상단에 있는 [새 문서(□)]를 클릭하여 [파트]를 선택하고, [확인(확인)] 버튼
   을 클릭한다.

02 [FeatureManager 디자인트리]에서 정면을 선택하고, 나타나는 팝업
   메뉴에서 [스케치]를 클릭한다.

03 스케치 메뉴에서 [코너사각형(□)]의 [중심사각형(▣)]유
   형을 이용하여 원점(0,0)에 사각형을 작성하고, [지능형
   치수(지능형 치수)]를 이용하여 치수를 기입한다.

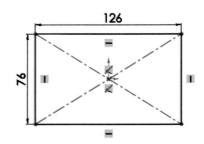

04 [스케치 종료]를 선택하고, [돌출 보스/베이스
   (돌출보스/베이스)]를 클릭한 후, 다음과 같은 옵션을 설정
   하고, [확인(✔)]을 클릭한다.

   • 방향1 = [블라인드 형태]
   • 깊이 = [20mm]

05 사각형 블럭을 생성하기 위해 측면을 선택하고,
   [스케치(ㄹ)]를 클릭한다.

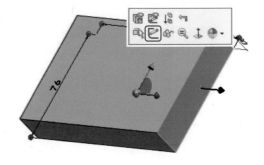

06 [코너사각형(□)]을 이용하여 그림과 같이 작성하고, [지능형 치수(지능형 치수)]를 이용하여 치수를 기입한다.

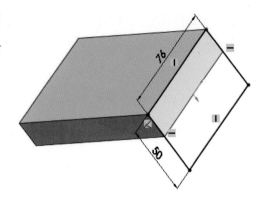

07 [스케치 종료]를 선택하고, [돌출 보스/베이스(돌출보스/베이스)]를 클릭한 후, 다음과 같은 옵션을 설정하고, [확인(✔)]을 클릭한다.

- 방향1 = [블라인드 형태]
- 반대방향(↗) 클릭
- 깊이 = [20mm]

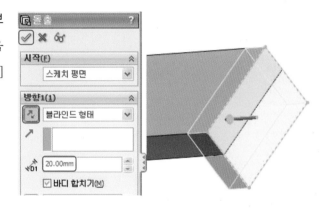

08 [필렛(◐)]을 선택하고, 대화상자에서 다음과 같은 옵션을 설정한다.

- 필렛 유형 = [부동 반경]
- 필렛 반경(◔) = [25mm]
- 전체 미리보기에 체크

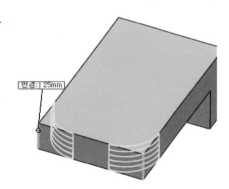

09 필렛이 적용될 앞쪽 두 개의 모서리를 선택하여 지정한다. [확인(✔)]을 클릭하여 필렛을 완성시킨다.

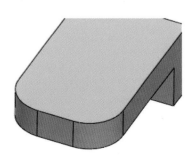

10 다시 [필렛(🔵)]을 선택하고, 필렛 반경(◜)으로 14mm를
입력한 후, 뒤쪽 모서리 두 개를 선택하여 필렛을 완성시
킨다.

11 형상의 윗면을 선택하고, [스케치(✏)]를 클릭한다.
[Ctrl+8]을 눌러 스케치할 면을 똑바로 놓는다.

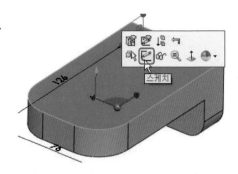

12 [직선홈(⬭)]을 클릭하여 R25 필렛 형상의 원호 중심
점을 기준으로 클릭하여 슬롯 형상을 작성한다.

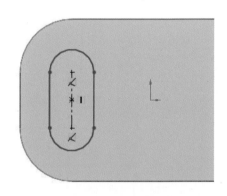

13 [지능형 치수(📏)]를 이용하여 직선홈의 폭에 해당하는 R12를
입력하고, [스케치 종료]를 선택한다.

TIP

> 직선홈의 중심위치가 별도로 표시되지 않았다면 기존 필렛의 중심점을
> 참고해서 [동심]이 되게 작성한다.

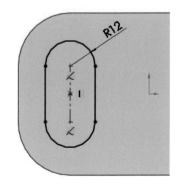

14 [보스/베이스()]를 클릭한 후, 방향1 = [블라인드 형태], 깊이 = [3mm]를 설정하고, [확인(✔)]을 클릭한다.

15 직선홈 형상의 윗면을 선택하고, [스케치(✐)]를 클릭한다.

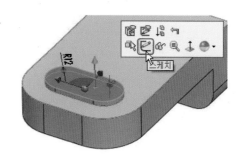

16 [직선홈(⬭)]을 클릭하여 필렛 형상의 원호 중심점을 기준으로 클릭하여 슬롯 형상을 작성하고, [지능형 치수(지능형 치수)]로 직선홈의 폭에 해당하는 R6을 입력한 후, [스케치 종료]를 선택한다.

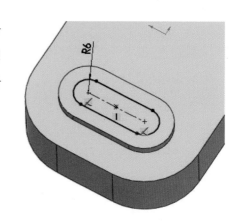

17 [돌출 컷(돌출컷)]을 클릭하여 나타나는 대화상자에서 [방향1 = [관통]]으로 설정한다.

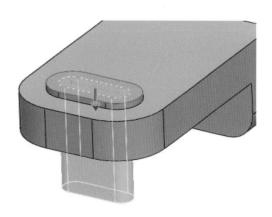

18 [확인(✓)]을 클릭하여 직선홈 돌출 컷을 완성시킨다.

19 가상의 면을 작성하기 위해 [CommandManager] 피처 메뉴에서 [참조
형상] 아래의 역삼각형(▾)을 눌러 [기준면(⬧)]을 클릭한다.

20 첫 번째 기준면으로 형상의 ❶윗면을 선택한다. 두 번째 회전축으로 ❷모서리를 차례대로 선
택한 후, 평면 창에서 ❸각도(⬠)에 45도를 입력한다. [확인(✓)]을 클릭하여 기울어진 기준평
면을 작성한다.

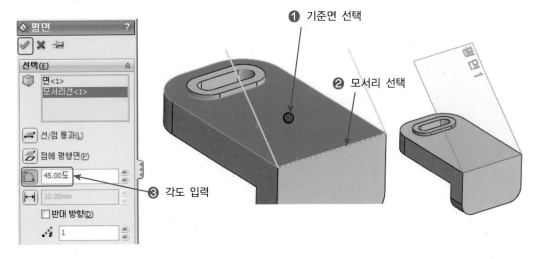

❶ 기준면 선택

❷ 모서리 선택

❸ 각도 입력

21 생성시킨 기준면을 선택하고, [스케치(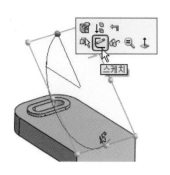)]를 클릭하고,
[Ctrl + 8]을 눌러 스케치할 면을 똑바로 놓는다.

22 그림처럼 표시된 모서리 위에서 마우스 오른쪽 버튼을 클릭하고, 나타나는 메뉴에서 다른 요
소 선택하기( )를 클릭한다. 그리고, "모서리선@"을 선택한다.

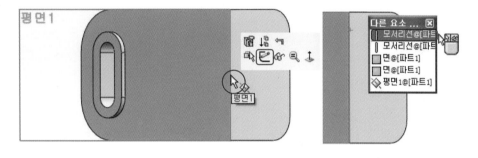

23 스케치 요소변환( )을 클릭하여 선택한 스케치
세그멘트를 스케치 요소로 변환시킨다.
(변환된 요소는 검은색으로 표시가 된다.)

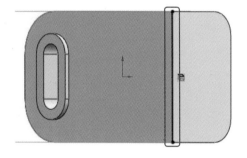

24 변환된 요소를 선택한 후, 보조선에 체크를 한다.

25 [코너사각형(□)]으로 우측 중앙부분에 사각형을 작성
하고, [원(◉ ·)]을 활용하여 사각형 왼쪽 모서리 중간
에 원을 작성한다.

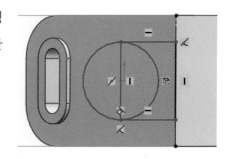

26 [스케치 요소 잘라내기( )]로 불필요한 요소들을 선택
( )하여 그림과 같이 잘라낸다.

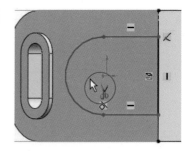

다음과 같은 창이 나타나면 [예(예(Y))]를 클릭한다.

27 위 항목 26번에서 호와 원이 만나는 오
른쪽에는 탄젠트(◔) 구속이 자동으로 부
여되어 있지만, 아래에는 없다. 그러므로
설계자는 탄젠트 구속조건을 추가시켜야
한다.

28 Ctrl을 누른 채로 호와 선을 클릭하여 선
택한다. 구속조건 부가 창에서 [탄젠트
(◔)]를 선택하여 구속조건을 추가시킨다.

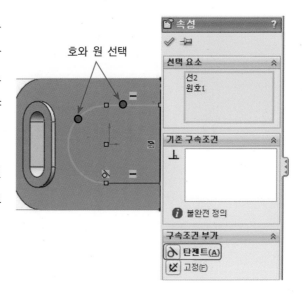

29 탄젠트 구속이 적용되었다. 만약, 위에도 탄젠트 구속이 없다면 설계자는 같은 방법으로 구속 조건을 추가시켜야 한다.

30 [지능형 치수(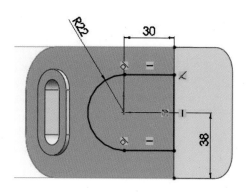)]로 해당 스케치의 치수를 입력 한 후, [스케치 종료]를 선택한다.

31 [돌출 보스/베이스]를 클릭한 후,

- 반대방향(⤒) 클릭
- 방향1 = [곡면까지]
- 종료면 = [윗면 선택]

[확인(✓)]을 클릭한다.

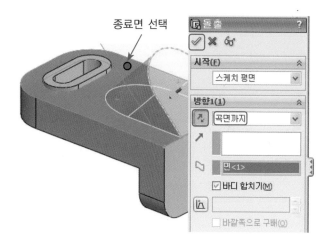

종료면 선택

32 돌출 보스/베이스 형상이 완성되었다.

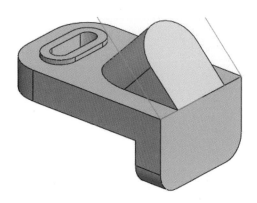

33 구멍을 생성하기 위해 경사진 면을 선택하고, [스케치
(✎)]를 클릭한다.

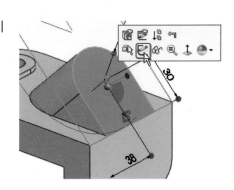

34 [원(⌀ ·)]을 클릭하여 동심인 원을 작성하고, [지능형
치수(지능형치수)]로 Ø22 치수를 입력한다.

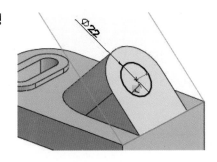

35 [스케치 종료]을 선택하고, [돌출 컷(돌출컷)]을 클
릭하여 [방향1 = [블라인드 형태]] / [깊이 = 32]
로 설정한다.

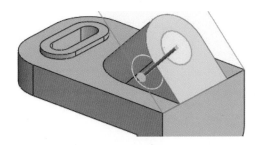

36 [확인(✔)]을 클릭하면 구멍이 생성된다.

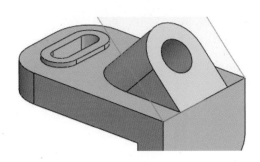

37 [보기] – [표시] – [단면표시]를 선택하거나, [단면보기(▣)]를 클릭한다.

38 파트나 어셈블리 모델의 단면도를 표시할 수 있는 창에서 단면도1(1)=윗면(▨)을 선택하고, 화면에 잘 보이게 하기 위해 단면방향 바꾸기(↗)를 클릭한다.

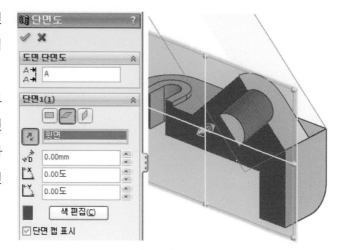

39 [확인(✔)]을 클릭하면 단면도가 표시된다.

40 다시 [보기]–[표시]–[단면표시]를 선택하거나, [단면보기(▣)]를 클릭하면 단면도 이전의 뷰로 되돌아간다.

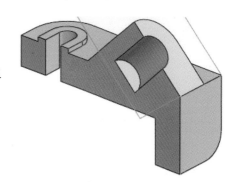

41 구멍을 생성하기 위해 경사진 뒷면을 선택하고, [스케치(❡)]를 클릭한다.

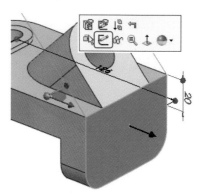

42 [원(⊘ ·)]을 클릭하여 동심인 원 두 개를 작성하고, [지능형 치수(지능형치수)]로 Ø14 치수를 입력한다.

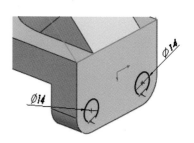

43 [스케치 종료]를 선택하고, [돌출 컷(圖돌출컷)]을
클릭하여 [방향1 = [관통]]으로 설정한다.

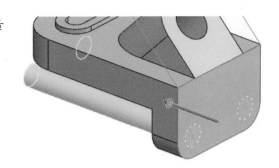

44 [확인(✔)]을 클릭하면 구멍이 생성된다.

45 사각 기둥을 생성하기 위해 경사진 뒷면을 선택하고,
[스케치(ㄷ)]를 클릭한다.

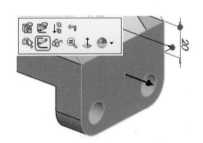

46 [코너사각형(☐)]으로 사각형을 작성하고, [지능형
치수(지능형치수)]를 이용하여 치수를 기입한다.

[스케치 종료]를 선택한다.

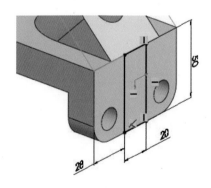

47 [보스/베이스(돌출보스/베이스)]를 클릭한 후, [방향1 = [블라인드 형태]],
[깊이 = [6]]을 설정하고, [확인(✔)]을 클릭한다.

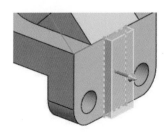

48 형상이 완성되었다.

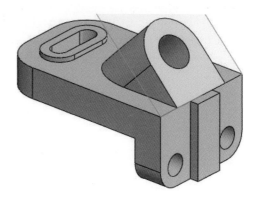

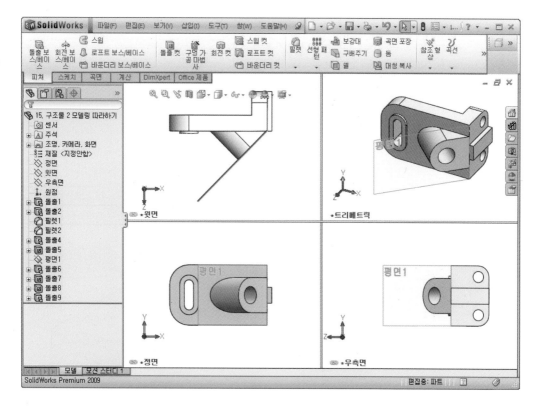

과 제 명	연 습 문 제 1

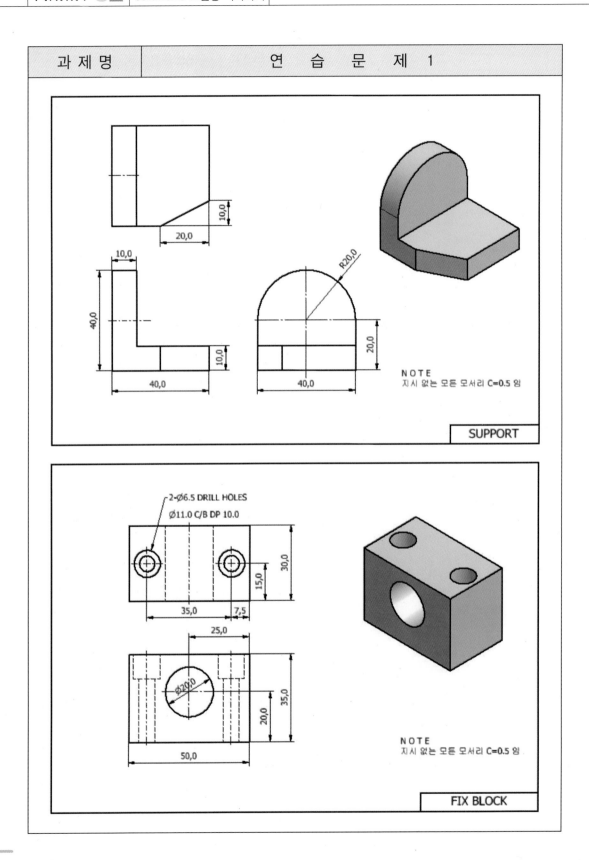

SUPPORT

NOTE
지시 없는 모든 모서리 C=0.5 임

2-Ø6.5 DRILL HOLES
Ø11.0 C/B DP 10.0

NOTE
지시 없는 모든 모서리 C=0.5 임.

FIX BLOCK

과 제 명	연 습 문 제 2

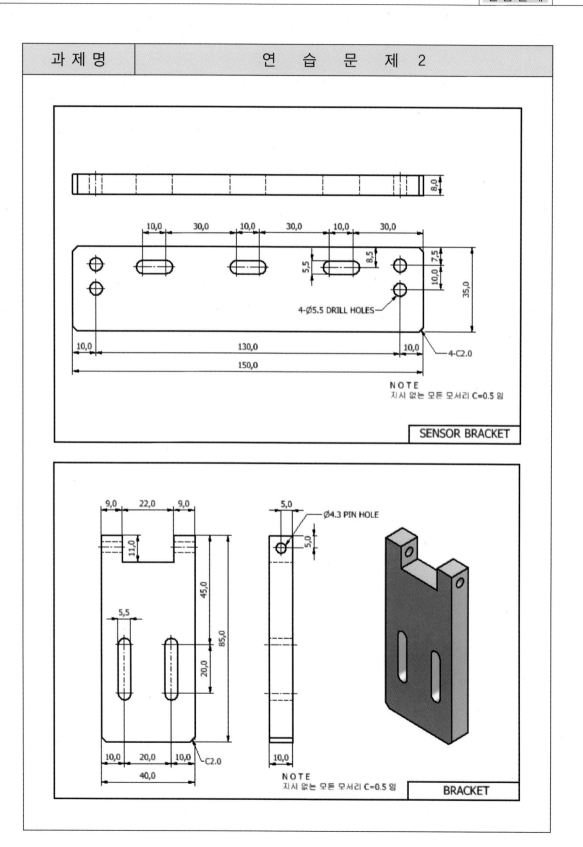

SENSOR BRACKET

4-Ø5.5 DRILL HOLES

4-C2.0

NOTE
지시 없는 모든 모서리 C=0.5 임

Ø4.3 PIN HOLE

C2.0

NOTE
지시 없는 모든 모서리 C=0.5 임

BRACKET

135

| 과 제 명 | 연 습 문 제 3 |

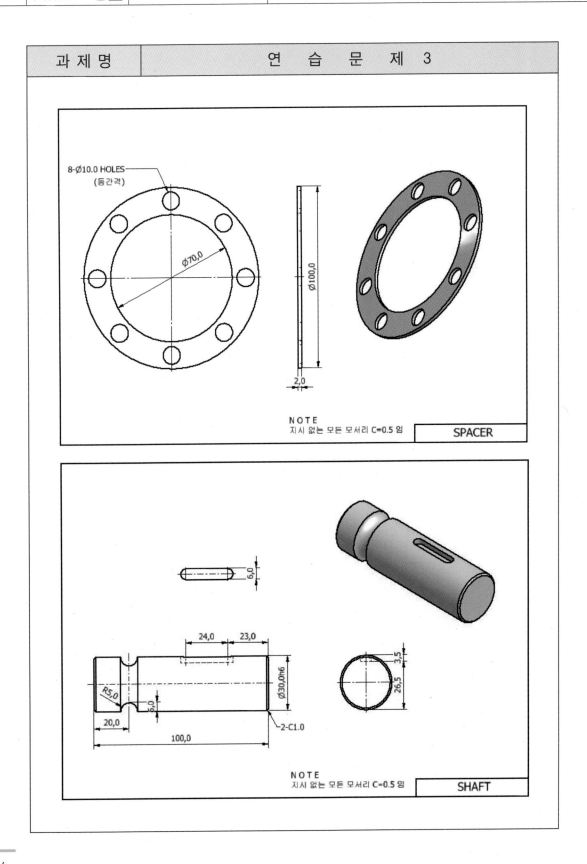

8-Ø10.0 HOLES
(등간격)

Ø70,0

Ø100,0

2,0

N O T E
지시 없는 모든 모서리 C=0.5 임

SPACER

6,0

24,0   23,0

Ø30,0h6

R5,0

6,0

20,0

100,0

-2-C1.0

3,5

26,5

N O T E
지시 없는 모든 모서리 C=0.5 임

SHAFT

| 과 제 명 | 연 습 문 제 4 |

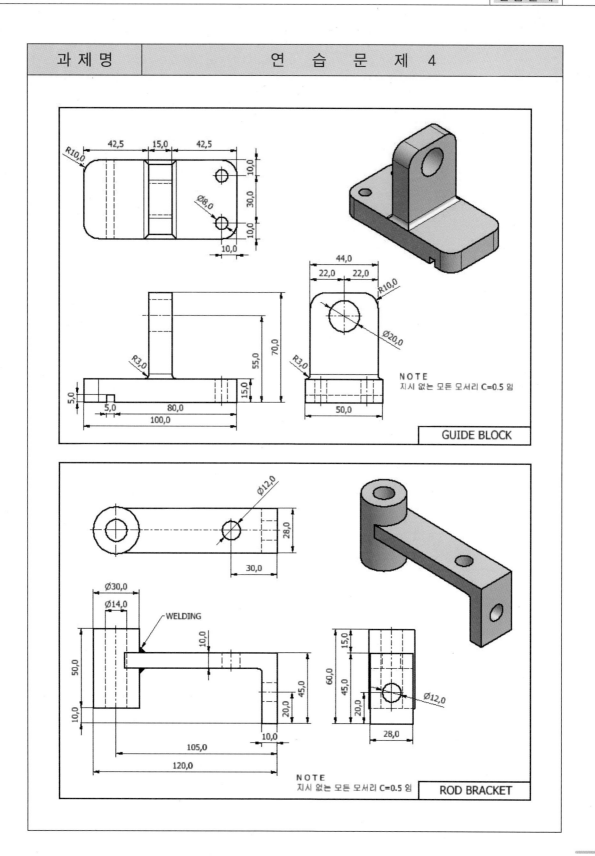

R10,0
42,5 15,0 42,5
10,0
30,0
10,0
Ø8,0
10,0

44,0
22,0 22,0
R10,0
Ø20,0

R3,0

70,0
55,0
15,0
R3,0
R3,0

5,0
5,0 80,0
100,0
50,0

NOTE
지시 없는 모든 모서리 C=0.5 임

GUIDE BLOCK

Ø12,0
28,0
30,0

Ø30,0
Ø14,0
WELDING
10,0
50,0
45,0
20,0
10,0
10,0
105,0
120,0

15,0
60,0
45,0
20,0
Ø12,0
28,0

NOTE
지시 없는 모든 모서리 C=0.5 임

ROD BRACKET

137

과 제 명	연 습 문 제 5

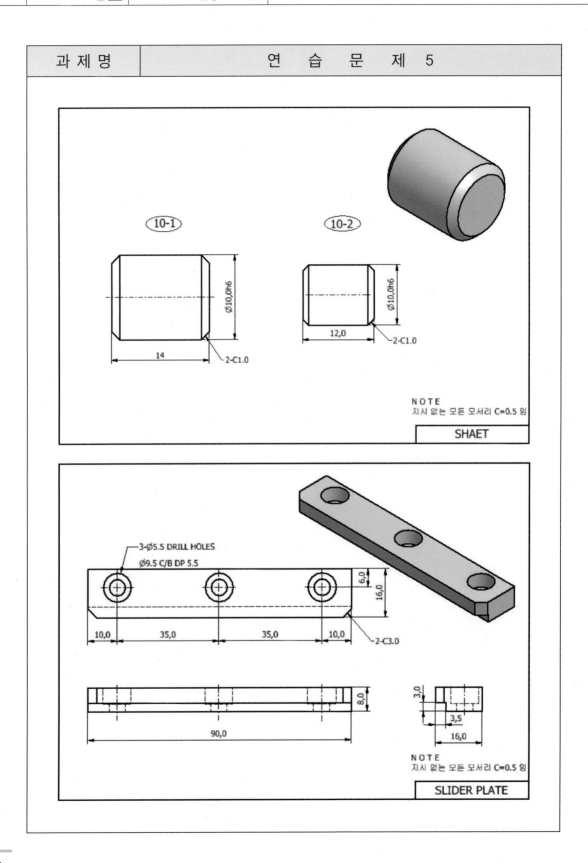

10-1   10-2

Ø10,0h6

14

2-C1.0

Ø10,0h6

12,0

2-C1.0

NOTE
지시 없는 모든 모서리 C=0.5 임

SHAET

3-Ø5.5 DRILL HOLES
Ø9.5 C/B DP 5.5

6,0

16,0

10,0   35,0   35,0   10,0

2-C3.0

8,0

90,0

3,0

3,5

16,0

NOTE
지시 없는 모든 모서리 C=0.5 임

SLIDER PLATE

과 제 명	연 습 문 제 6

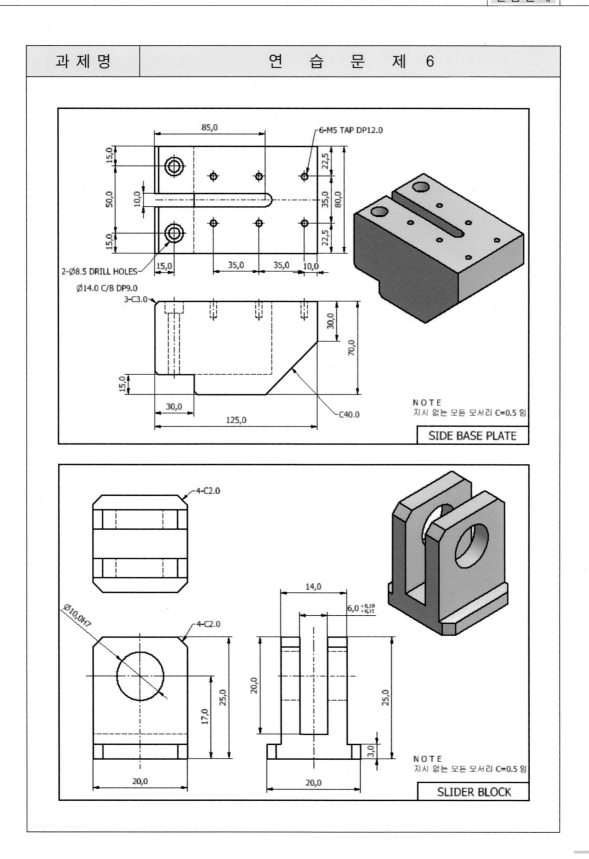

6-M5 TAP DP12.0

85,0

15,0
15,0
50,0
10,0
80,0
35,0
35,0
22,5
22,5

2-Ø8.5 DRILL HOLES
Ø14.0 C/B DP9.0

15,0 35,0 35,0 10,0

3-C3.0

30,0
70,0
15,0
30,0
125,0
C40.0

NOTE
지시 없는 모든 모서리 C=0.5 임

SIDE BASE PLATE

4-C2.0

Ø10.0H7

4-C2.0

14,0
6,0 +0.10 +0.15

25,0
17,0
20,0
20,0
25,0
3,0

20,0 20,0

NOTE
지시 없는 모든 모서리 C=0.5 임

SLIDER BLOCK

과 제 명	연 습 문 제 7

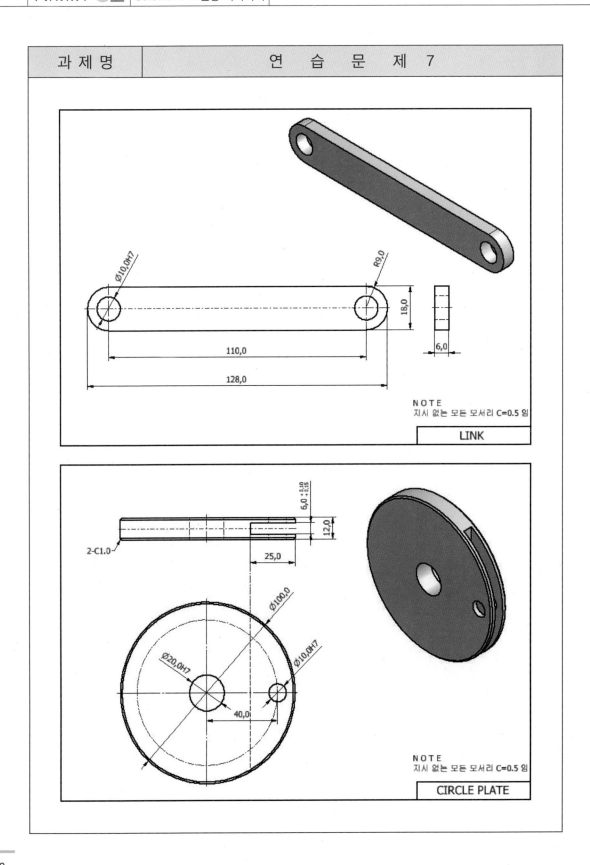

Ø10.0H7

R9.0

18,0

110,0

128,0

6,0

NOTE
지시 없는 모든 모서리 C=0.5 임

LINK

$6,0 {}^{+0.10}_{+0.15}$

12,0

2-C1.0

25,0

Ø100,0

Ø20,0H7

Ø10,0H7

40,0

NOTE
지시 없는 모든 모서리 C=0.5 임

CIRCLE PLATE

과 제 명	연 습 문 제 8

Ø20,0h6

7,0 | 12,0 | 24,0 | 12,0 | 7,0 2-C1.0

62,0

2,0

NOTE
지시 없는 모든 모서리 C=0.5 임

SHAFT

5,0 -0,05/-0,10

Ø20,0 +0,02/+0,01

Ø30,0

SECTION "A"-"A"

NOTE
지시 없는 모든 모서리 C=0.5 임

COLLAR

SolidWorks
조립하기

Clamp 조립하기

이 장에서는 아래 그림과 같이 Clamp를 조립하면서 다음과 같은 내용을 학습한다.

◆ 부품을 어셈블링 화면으로 불러오기
◆ 메이트 조립 조건 정의하기
◆ 어셈블리 분해 및 분해 해제하기
◆ 분해 지시선 스케치하기

01 조립 부품 소개하기

아래의 부품 및 부분조립품을 조립하는 과정을 배운다.

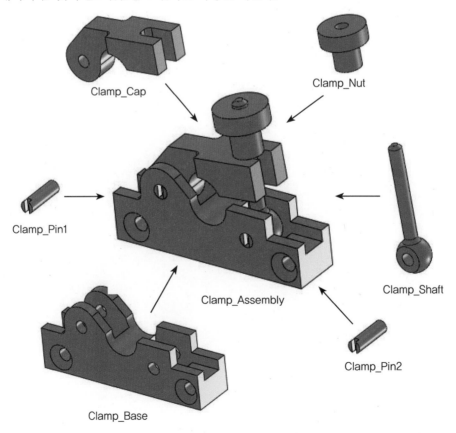

Clamp_Cap

Clamp_Nut

Clamp_Pin1

Clamp_Shaft

Clamp_Assembly

Clamp_Pin2

Clamp_Base

1. Clamp_Base

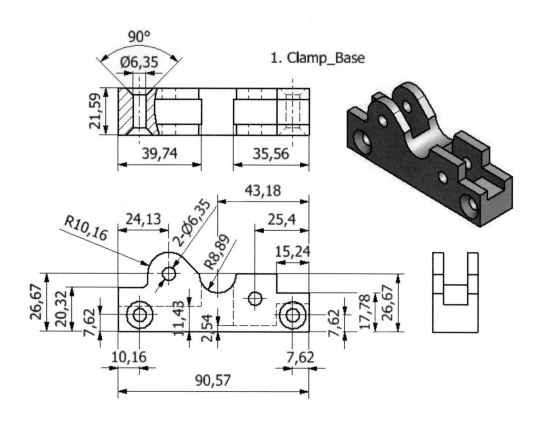

2. Clamp_Cap

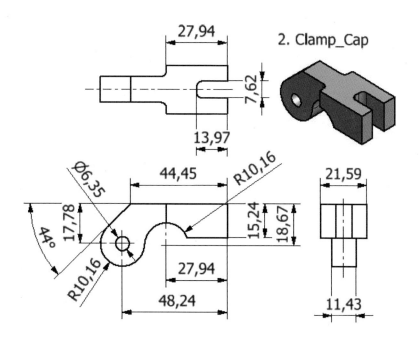

3. Clamp_Shaft

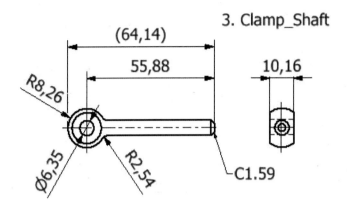

4. Clamp_Nut

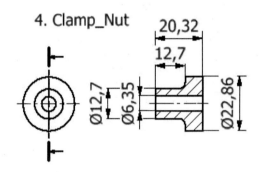

5. Clamp_Pin

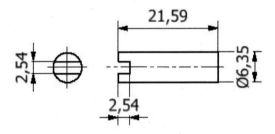

02 첫 번째 부품 삽입하기

기준이 되는 한 개의 부품을 어셈블리 창에 삽입하는 방법을 설명한다.

01 표준도구모음에서 [새 문서(□▾)] 아이콘을 클릭하거나, 메뉴바에서 [파일 ▷ 새 문서]를 클릭한다.

02 SolidWorks 새 문서 대화상자가 나타나면, [어셈블리]를 선택하고 [확인(확인)] 버튼을 클릭한다.

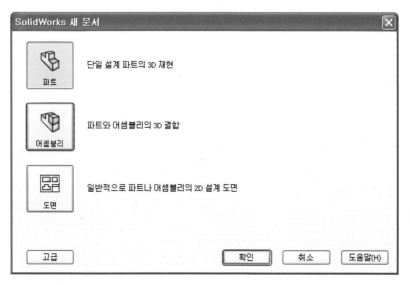

03 어셈블리 시작의 [찾아보기(찾아보기(B)...)]를 클릭한 다음, 앞에서 작성한 Clamp 부품 폴더로 이동한다. 새로운 어셈블리를 생성하게 되면 자동으로 부품삽입이 시작된다.

04 열기 대화상자에서 Clamp_Base.sldprt 부품을 선택한 다음, [열기]를 클릭한다.

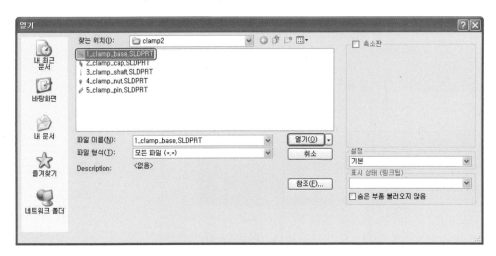

05 Clamp_Base 부품이 어셈블리 화면에 들어온 후, 마우스 포인터를 원점에 가까이 위치시키고 마우스를 클릭하여 부품을 배치시킨다.

[어셈블리 화면의 원점 표시는 보기 〉 원점(⚙) 을 클릭하며 나타낼 수 있다.]

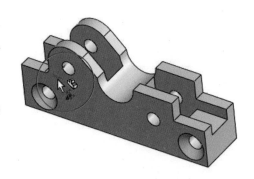

06 화면을 등각보기로 전환시킨다.

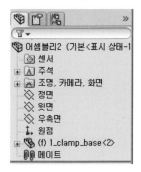

07 조립품의 초기방향 설정에서 어셈블리 창과 파트 창의 원점이 일치되어 조립작업을 하는 동안 기준 부품이 움직이지 않고 고정되어 있음을 알 수 있다.

08 구성부품 Clamp_Base 앞에 (f)는 해당 부품이 고정(Fixed)되어 있음을 의미한다.

03 다른 부품을 어셈블리 창에 삽입하기

01 [부품삽입(부품삽)]을 클릭한다.

02 나타나는 부품 삽입 창에서 [찾아보기(찾아보기(B)...)]를 클릭
한 후, Clamp 부품 폴더로 이동하여, 열기 대화상자에서
Clamp_Cap.sldprt 부품을 선택한 다음, [열기]를 클릭한다.

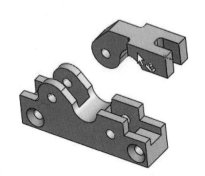

03 어셈블리 창 임의의 지점을 클릭하여 Clamp_Cap 부품을
어셈블리 창에 배치시킨다.

04 다른 방법으로 부품을 삽입하기 위해 윈도우 탐색기를 실행한다.

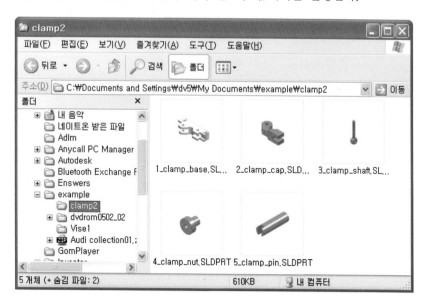

05 Clamp 폴더로 이동하여 윈도우 탐색기에 있는 Clamp_Shaft 부품을 마우스 왼쪽 버튼으로 끌어 어셈블리 창으로 끌어 놓는다.(Drag & Drop)

06 나머지 Clamp_Nut 부품과 Clamp_Pin 2개 부품도 윈도우 탐색기에서 어셈블리 창으로 끌어 놓는다.(Drag & Drop) [보기 > 원점( )을 다시 클릭하며 원점 표시를 없앤다.]

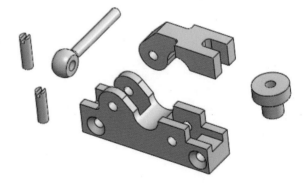

07 FeatureManager 디자인 트리를 살펴보면 각 부품의 이름 앞에 (-) 표시가 있는데, 이는 각 구성 부품의 메이트 조건이 아직 정의되지 않아 자유로이 움직일 수 있다는 뜻이다.

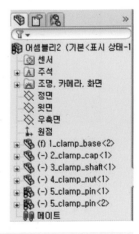

TIP

부품 삽입( )

기존에 작성된 부품 파일 혹은 조립품 파일을 불러올 때 사용하는 명령으로 기준 부품은 조립품의 원점과 일치하도록 배치하게 설정하여 고정한다.

04 부품 이동 및 부품 회전으로 위치 조정하기

01 [부품 이동(🔯)]을 클릭한다.

02 이동하고자 하는 부품을 마우스 왼쪽 버튼을 누른 채로 끌기(Drag)하여 적당한 위치로 이동하여 배치한다.

03 [확인(✔)]을 클릭한다.

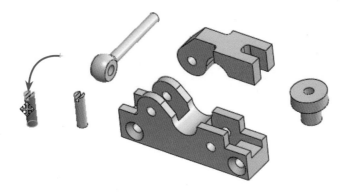

TIP

부품 이동(🔯)

배치된 부품 또는 메이트로 지정된 이동 자유도 범위 내에서 부품을 이동시킬 수 있다.

04 [부품회전(⟳)]을 클릭한다.

05 회전하고자 하는 부품을 마우스 왼쪽 버튼을 누른 채로 끌기(Drag)하여 원하는 방향으로 회전시킨다.

06 [확인(✔)]을 클릭한다.

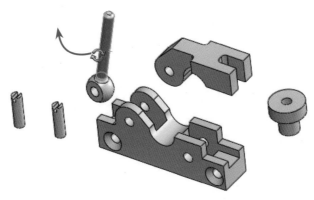

05 메이트(Mate) 명령 이해하기

메이트(Mate)는 어셈블리 부품 간에 기하학적 구속조건을 작성한다. 메이트를 추가할 때, 부품의 선형, 회전형 모션의 가능한 방향을 지정한다. 어셈블리의 부품을 자유도 범위 내에서 이동할 수 있다.

→ 모든 메이트 유형이 propertyManager에 항상 표시되나, 현재 선택항목에 적용되는 메이트만 활성화된다.

▶ 표준 메이트

● 일치(⊀) : 선택한 면, 모서리, 평면을 (서로 조합하거나 하나의 꼭짓점으로 결합하여) 위치시켜 같은 무한 면을 공유하게 한다. 두 꼭짓점을 만나게 위치시킨다.
  축 맞춤 부품을 완전 구속한다.

● 평행(◈) : 선택한 부품이 서로 같은 간격으로 떨어져 있도록 부품을 배치한다.

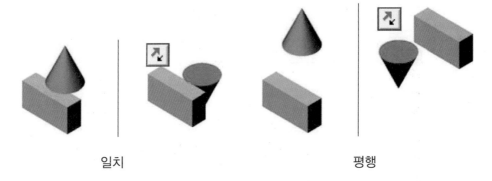

일치   평행

● 직각(⊥) : 선택한 항목을 서로 90° 각도가 되게 놓는다.
● 탄젠트(⅄): 선택한 항목을 인접 메이트로 놓는다.(선택 항목 중 적어도 하나는 원통형, 원추형, 구형 중 하나여야 한다.)
● 동심(◎) : 선택한 항목을 같은 중심점을 공유하도록 놓는다.
● 묶기(🔒) : 두 부품 간의 위치와 방향을 유지한다.
● 거리(⊢⊣) : 선택한 항목 간에 특정 거리를 두고 놓는다.
● 각도(◲) : 선택한 항목이 서로 특정 각도를 이루게 놓는다.

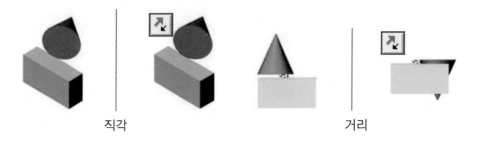

직각   거리

◎ 메이트 정렬 : 필요하면 메이트 맞춤을 클릭한다.

• 맞춤(🖳) : 선택한 면에 수직인 벡터가 같은 방향을 나타낸다.

• 반대 정렬(🖳) : 선택한 면에 수직인 벡터가 반대방향을 나타낸다.

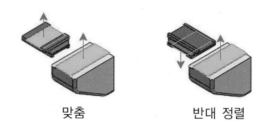

<table>
<tr><td>맞춤</td><td>반대 정렬</td></tr>
</table>

• 원통형 피처의 경우, 축 벡터가 맞춰지거나 반대 맞춤된다.

  맞춤(🖳)이나 반대맞춤(🖳)을 클릭해서 필요한 정렬을 얻어낸다.

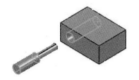 

▶ 고급 메이트

◎ 대칭(▣) : 두 개의 유사한 요소를 평면이나 평면인 면을 기준으로 대칭으로 조절한다.

◎ 가로(🗚) : 너비 메이트가 그루브의 너비 안에서 탭을 가운데에 정렬한다.

◎ 경로(🗠) : 부품의 선택 점을 경로로 구속한다.

◎ 선형/선형 커플러(🗲) : 한 부품의 평행이동과 다른 부품의 평행이동 사이의 관계를 설정한다.

◎ 제한(🗠🗠) : 부품을 서로 일정한 각도와 거리 내에서만 메이트할 때 사용한다.

06 메이트(Mate)로 두 개의 부품을 서로 접하게 조립하기

01 어셈블리 도구모음에서 [메이트(메이트)]를 클릭한다.

02 Base 구멍 피처의 원통면과 Cap 구멍 피처의 원통면을
차례로 클릭한다.

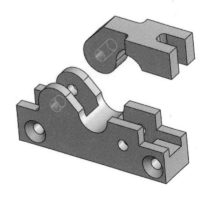

03 나타나는 표준 메이트 화면에서 [동심(◎)]이 선택되어 있는지 확인하고, [메이트 추가/마침 (✓)]을 클릭한다.

TIP

메이트 창이 열리기 전에 메이트할 요소를 미리 선택할 수 있다. 요소를 선택할 때는 Ctrl 키를 누르고 있으면 동시 선택이 가능하다.

04 메이트 창에서 [닫기(✖)]를 클릭하여 창을 빠져나온다.

05 동심 메이트 조건을 검사하기 위해 아무런 기능이 실행 되지 않은 상태에서 Cap 부품을 마우스로 움직여본다.
  • Cap이 Base의 구멍 축을 따라 축 이동과 회전으로 움직임을 알 수 있다.

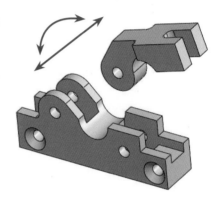

06 어셈블리 도구모음에서 [메이트(메이트)]를 클릭한다.

07 Base의 안쪽 측면과 Cap의 측면을 차례로 클릭한다.

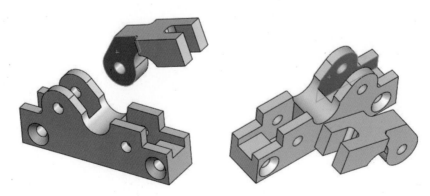

08 나타나는 표준 메이트 화면에서 [일치(⚓)]가 선택되어
있는지 확인하고, [메이트 추가/마침(✅)]을 클릭한다.

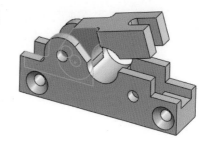

09 메이트 창에서 [닫기(✖)]를 클릭하여 창을 빠져나온다.

10 일치 메이트 조건을 검사하기 위해 아무런 기능이 실행
되지 않은 상태에서 Cap 부품을 마우스로 움직여본다.
• Cap이 Base의 구멍 축을 중심으로 회전하는 것을 알
수 있다.

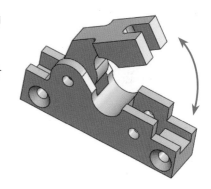

11 어셈블리 도구모음에서 [메이트(📎)]를 클릭한다.

12 Base 구멍 피처의 원통면과 Shaft의 원통면을 차례로
클릭한다.

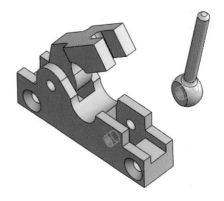

13 나타나는 표준 메이트 화면에서 [동심(◎)]이 선택되어 있는지 확인하고, [메이트 추가/마침
(✅)]을 클릭한다.

14 [닫기(✖)]를 클릭하고, 동심 메이트 조건을 검사하기
위해 아무런 기능이 실행되지 않은 상태에서 Shaft
부품을 마우스로 움직여 본다.

• Shaft가 Base의 구멍 축을 따라 축 이동과 회전
으로 움직임을 알 수 있다.

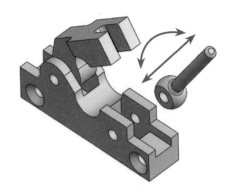

15 조립하기 위해 [메이트(메이트)]를 클릭하고, 고급 메이트의 [너비(⫿)]를 선택한다.

• 너비 선택에서 Shaft의 양쪽 측면을 차례로 클릭하여 선택한다.
• 탭 선택에서 Base의 안쪽 측면 두 군데를 차례로 클릭하여 선택한다.

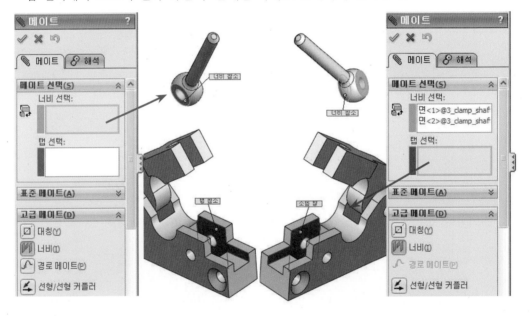

16 메이트 창에서 [확인(✔)]과 [닫기(✖)]를 클릭하여 창을 빠져나온다.

17 너비 메이트 조건을 검사하기 위해 아무런 기능이 실행
되지 않은 상태에서 Shaft 부품을 마우스로 움직여 본다.

• Shaft의 구멍 축을 중심으로 회전하는 것을 알 수 있다.

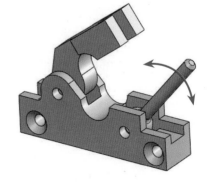

18 [메이트(메이트)]를 클릭하고, Nut의 구멍 피처 원통면과 Shaft의 원통면을 차례로 클릭한다.

19 나타나는 표준 메이트 화면에서 [동심(◎)]이 선택되어 있는지 확인하고, [메이트 추가/마침(✓)]을 클릭한다.

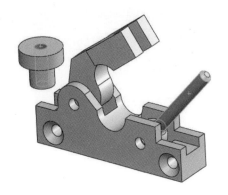

20 [닫기(✖)]를 클릭하고, 동심 메이트 조건을 검사하기 위해 아무런 기능이 실행되지 않은 상태에서 Nut 부품을 마우스로 움직여본다.

• Nut가 Shaft의 구멍 축을 따라 축 이동과 회전으로 움직임을 알 수 있다.

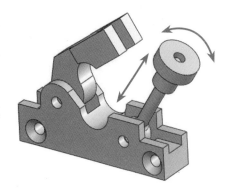

21 [메이트(메이트)]를 클릭하고, Nut의 바닥면과 Cap의 윗면을 차례로 클릭한다.

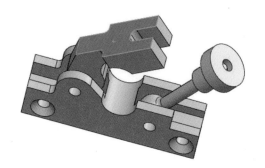

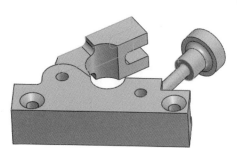

22 나타나는 표준 메이트 화면에서 [일치(✕)]가 선택되어 있는지 확인하고, [메이트 추가/마침(✓)]을 클릭한다.

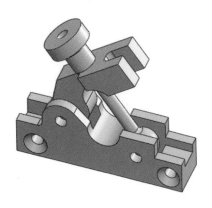

23 [닫기(✖)]를 클릭하고, 일치 메이트 조건을 검사하기 위해 아무런 기능이 실행되지 않은 상태에서 Nut 부품을 마우스로 움직여본다.

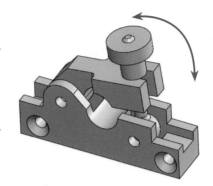

- Nut가 Shaft의 축을 중심으로 이동하며, Cap 윗면에서 미끌어지며, Shaft는 Base의 구멍 축에서 회전함을 알 수 있다.

24 [메이트(🖉)]를 클릭하고, Base의 구멍 원통면과 Pin의 원통면을 차례로 클릭한다.

25 나타나는 표준 메이트 화면에서 [동심(◎)]이 선택되어 있는지 확인하고, [메이트 추가/마침(✔)]을 클릭한다.

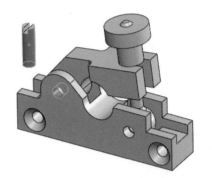

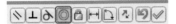

26 계속해서 Base의 구멍 원통면과 Pin의 원통면을 차례로 클릭한다.

27 나타나는 표준 메이트 화면에서 [일치(✗)]가 선택되어 있는지 확인하고, [메이트 추가/마침(✔)]을 클릭한다.

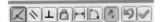

28 [닫기(✖)]를 클릭하고, 일치 메이트 조건을 검사하기 위해 아무런 기능이 실행되지 않은 상태에서 Pin 부품을 마우스로 움직여본다.

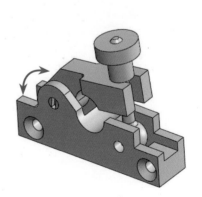

- Pin은 구멍 축에서 회전하는 것을 볼 수 있다.

29 반대편 Pin도 같은 방법으로 동심(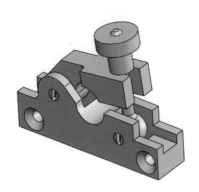)과 일치(✕)의 조건으로 조립을 한다.

07 Cap 부품 이동시키기

01 아무런 기능이 실행되지 않은 상태에서 Cap 부품을 마우스로 끌기하여 움직여본다.

02 마우스를 움직이면 Cap 부품과 조립된 Shaft 및 Nut가 연관되어 움직이는 것을 볼 수 있다.

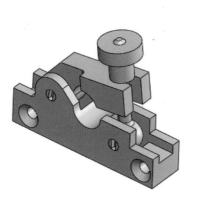 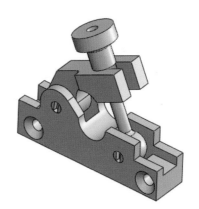

03 [메이트(메이트)]를 클릭하고, Cap의 측면과 Base의 측면을 차례로 클릭한다.

04 나타나는 표준 메이트 화면에서 [각도(⬠)]를 선택하고, 각도(✕) = "0"을 입력한다. [메이트 추가/마침(✓)]을 클릭한다.

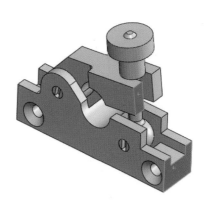

05 [닫기(✖)]를 클릭하고, 각도 메이트 조건을 검사하기 위
해 아무런 기능이 실행되지 않은 상태에서 Cap 부품을
마우스로 움직여본다.

• Cap은 Base와의 각도 구속 때문에 더 이상 움직이지
않는다.

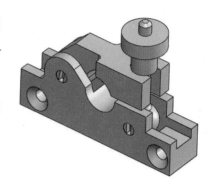

08 조립품 분해하기

01 어셈블리 도구모음에서 [분해도(🔩)]를
클릭하거나, 풀다운 메뉴에서 삽입 〉 분
해도를 클릭한다.

02 분해 창이 나타난다.

03 Cap 부품을 클릭하여 나타나는 조정자 핸들에서 Z축인
파란색 화살표를 위로 끌어 적당한 위치로 이동시킨다.

04 분해 창에서 [확인(✓)]을 클릭한다.

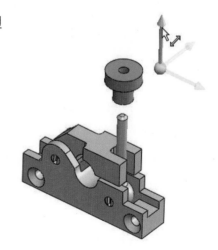

05 [분해도(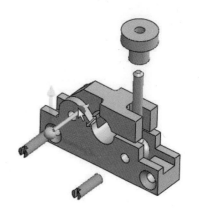)]를 이용하여 Pin 부품 2개를 선택하고, Y축인
   초록색 화살표를 앞으로 끌어 적당한 위치로 이동시킨다.

06 분해 창에서 [확인( )]을 클릭한다.

07 다시 [분해도( )]를 클릭하여 나타나는 분해도 창에
   서 Cap 부품과 Nut 부품을 같이 선택하고, 조정자 핸
   들에의 Z축인 파란색 화살표를 위로 끌어 적당한 위치
   로 이동시킨다.

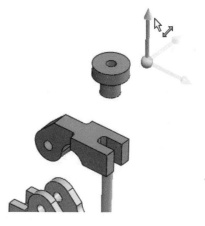

08 분해 창에 있는 분해 단계의 ⊞를 클릭하여 확장시키면 분해시킨
   부품명과 과정을 살펴볼 수가 있다.

09 분해 창에서 [확인( )]을 클릭한다.

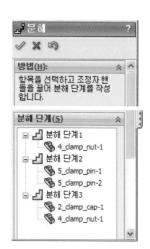

10 [분해도( )]를 이용하여 Shaft 부품을 X
축인 빨간색 화살표를 오른쪽으로 끌어
적당한 위치로 이동시킨다.

11 분해 창에서 [확인( )]을 클릭한다.

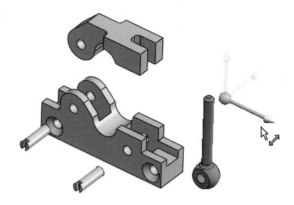

12 지금까지 분해 과정을 마쳤다. 분해도 이전의 조립상태로 되돌아가
려면 그래픽 영역 임의의 지점에서 마우스 오른쪽 버튼을 클릭하여
나타나는 메뉴에서 "조립"을 선택한다.

13 다시 분해된 상태로 표시하려면 화면 좌측 상단
에 있는 [ConfigruationManager( )]를 클릭한 다
음, 기본 설정 앞에 있는 를 클릭하여 나타나
는 "분해도1"에서 마우스 오른쪽 버튼으로 "분해"
를 선택한다.

TIP

"분해도1"에서 마우스 오른쪽 버튼으로 나타나는 메뉴에서 "애니메이션 분해"를 선택하면 분해되는 과정을 애
니메이션으로 확인할 수 있다.

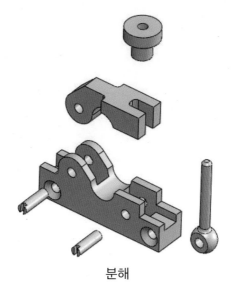

분해

09 분해 지시선 스케치하기

01 어셈블리 도구모음에서 [분해 지시선 스케치(분해 지시선 스케치)]를 클릭하거나, 풀다운 메뉴에서 [삽입 〉 분해 지시선]을 클릭한다.

02 분해 지시선 창이 나타난다.

03 Base의 구멍 모서리와 Pin의 원형 모서리를 선택한 후, [확인(✓)]을 클릭한다.

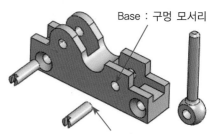

Base : 구멍 모서리

Pin : 원형 모서리

○4 두 부품 사이에 분해 지시선이 작성된다.

○5 Cap의 구멍 모서리와 Base의 원형 모서리를 선택하
고, [확인(✅)]을 클릭하여 분해 지시선을 작성한다.

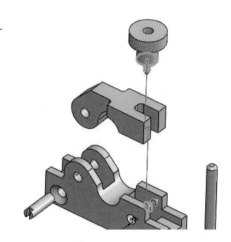

○6 아래 그림과 같이 분해 스케치를 작성한다.

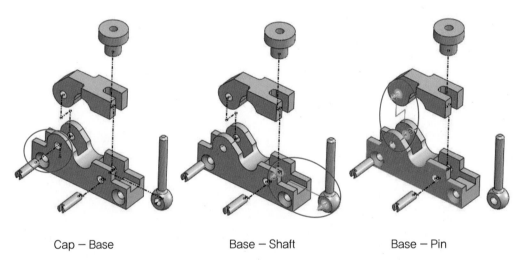

Cap – Base   Base – Shaft   Base – Pin

○7 화면 우측 상단에 있는 [스케치 마무리(🖱)] 클릭하여 분해 지시선 창을 닫는다.

Section 14
Vise 조립하기

아래의 도면을 보고 부품들을 모델링한 후, 어셈블리를 한다.

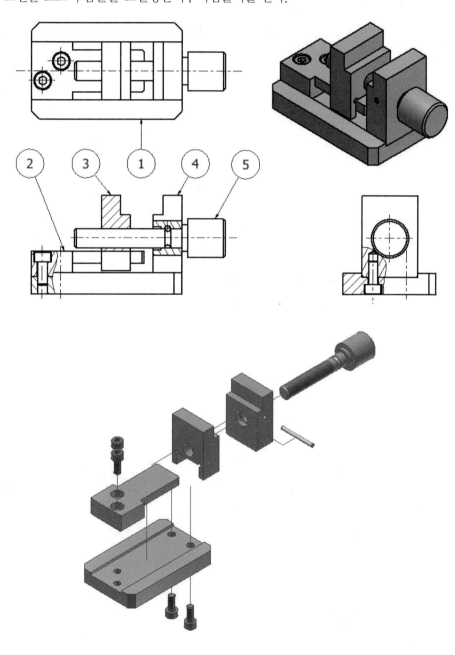

1. 베이스

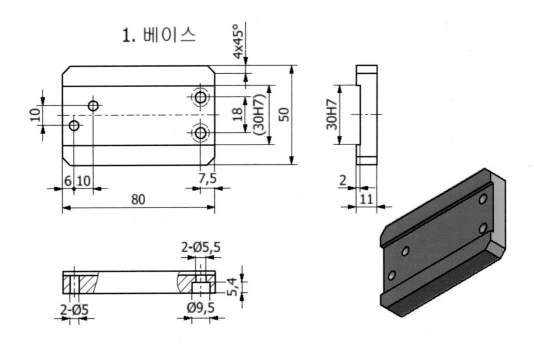

2. 가이드 블록

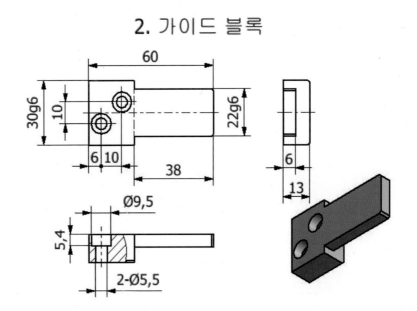

3. 이동 조

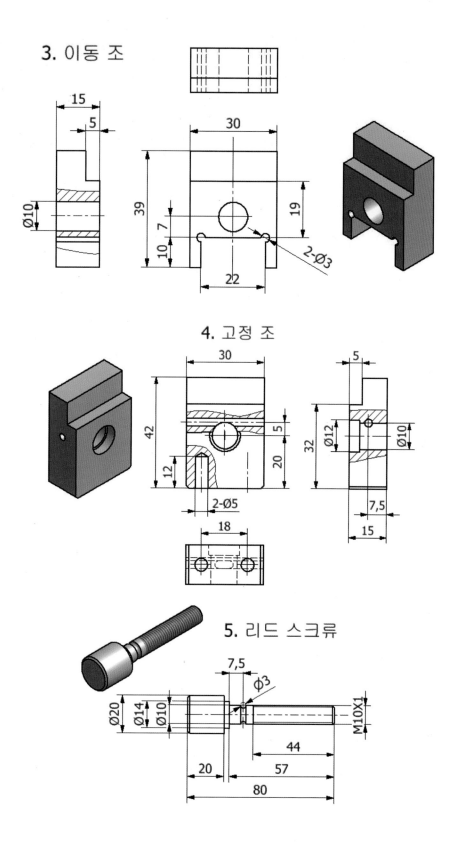

4. 고정 조

5. 리드 스크류

01 첫 번째 부품 삽입하기

기준이 되는 한 개의 부품을 어셈블리 창에 삽입하는 방법을 설명한다.

01 표준도구모음에서 [새 문서(□ ·)] 아이콘을 클릭하거나, 메뉴바에서 [파일 ▷ 새 문서]를 클릭한다.

02 SolidWorks 새 문서 대화상자가 나타나면, [어셈블리]를 선택하고 [확인(확인)] 버튼을 클릭한다.

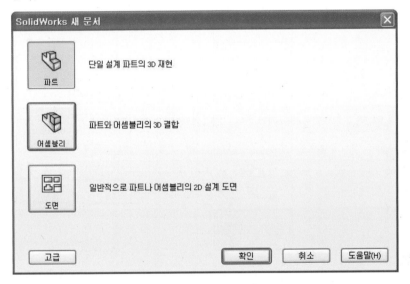

03 어셈블리 시작의 [찾아보기(찾아보기(B)...)]를 클릭한 다음, 앞에서 작성한 Vise 부품 폴더로 이동한다. 새로운 어셈블리를 생성하게 되면 자동으로 **부품삽입**이 시작된다.

04 열기 대화상자에서 Base_Body.sldprt 부품을 선택한 다음, [열기]를 클릭한다.

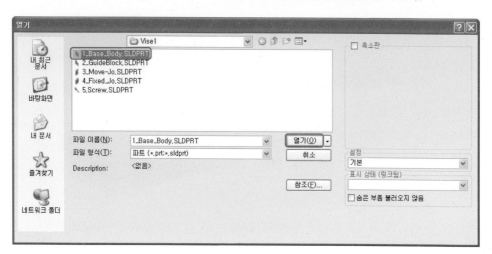

05 Base_Body 부품이 어셈블리 화면에 들어온 후, 마
우스 포인터를 원점에 가까이 위치시키고 마우스를
클릭하여 부품을 배치시킨다.

[어셈블리 화면의 원점 표시는 보기 > 원점(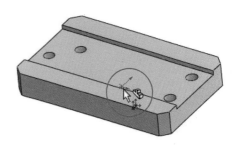)을
클릭하며 나타낼 수 있다.]

06 구성부품 Base_Body 앞에 (f)는 해당 부품이 고정(Fixed)되어 있음을
의미한다.

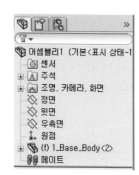

02 다른 부품을 어셈블리 창에 삽입하기

01 [부품삽입(부품 삽)]을 클릭한다.

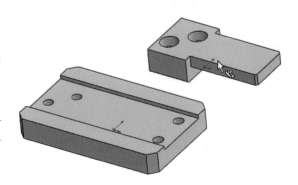

02 나타나는 부품 삽입 창에서 [찾아보기
(찾아보기(B)...)]를 클릭한 후, Vise 부품 폴더
로 이동하여, 열기 대화상자에서 Guide_
Block.sldprt 부품을 선택한 다음, [열기]를
클릭한다.

03 어셈블리 창 임의의 지점을 클릭하여 Guide_Block 부품을 어셈블리 창에 배치시킨다.

04 다른 방법으로 부품을 삽입하기 위해 윈도우 탐색기를 실행한다.

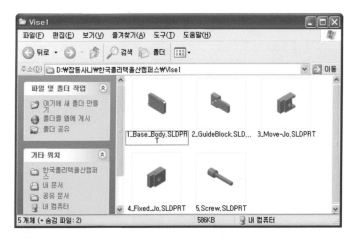

05 Vise 폴더로 이동하여 윈도우 탐색기에 있는 Move_Jo 부품을 마우스 왼쪽 버튼으로 끌어 어셈
블리 창으로 끌어 놓는다.(Drag & Drop)

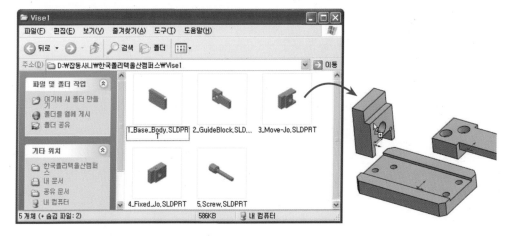

06 나머지 Fixed_Jo와 Screw도 윈도우
　 탐색기에서 어셈블리 창으로 끌어
　 놓는다. (Drag & Drop)
　 [보기 〉 원점( )을 다시 클릭하
　 며 원점 표시를 없앤다.]

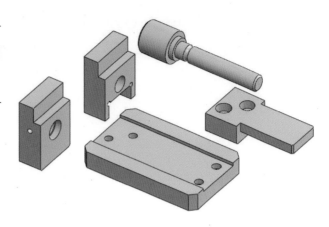

03 부품 회전으로 위치 조정하기

01 [부품 회전( )]을 클릭한다.
02 회전하고자 하는 Move_Jo부품을 마우스 왼쪽 버튼을
　 누른 채로 끌기(Drag)하여 그림과 같은 방향으로 회전
　 시킨다.
　 (회전 각도 및 방향은 정확하지 않아도 된다.)
03 [확인( )]을 클릭한다.

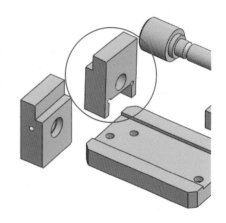

04 메이트(Mate)로 두 개의 부품을 서로 접하게 조립하기

메이트(Mate)는 어셈블리 부품 간에 기하학적 구속조건을 작성한다. 메이트를 추가할 때, 부품의 선
형, 회전형 모션의 가능한 방향을 지정한다. 어셈블리의 부품을 자유도 범위 내에서 이동할 수 있다.

01 [메이트( )]를 클릭하고, Base_Body의 윗면과 GuideBlock의 바닥면을 차례로 클릭한다.

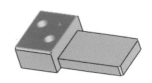

02 나타나는 표준 메이트 화면에서 [일치(✕)]가 선택되어 있는지 확인하고, [메이트 추가/마침(✓)]을 클릭한다.

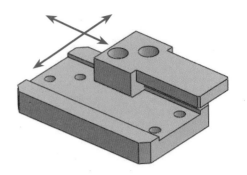

03 [닫기(✖)]를 클릭하고, 일치 메이트 조건을 검사하기 위해 아무런 기능이 실행되지 않은 상태에서 GuideBlock 부품을 마우스로 움직여본다.

• GuideBlock은 Base_Body 위에서 상하좌우로 이동하는 것을 볼 수 있다.

04 [메이트(메이트)]를 클릭하고, Base_Body의 뒷면과 GuideBlock의 뒷면을 차례로 클릭한다.

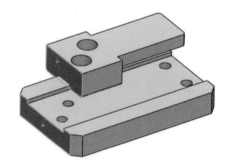

05 표준 메이트 화면에서 [일치(✕)]가 선택되어 있는지 확인하고, [메이트 추가/마침(✓)]을 클릭한다.

TIP

표준 메이트 화면에서 [메이트 맞춤 뒤집기(↻)]를 클릭하면 다음 그림처럼 선택한 면은 서로 마주보게 또는 같은 방향을 바라보게 배치가 된다.

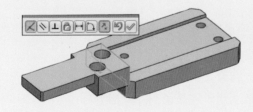
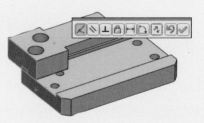

06 [닫기(✖)]를 클릭하고, 일치 메이트 조건을 검사하기 위해 아무런 기능이 실행되지 않은 상태에서 GuideBlock 부품을 마우스로 움직여본다.

• GuideBlock은 Base_Body 위에서 상하로 이동하는 것을 볼 수 있다.

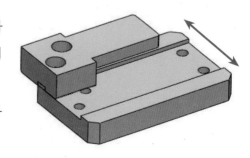

07 [메이트(메이트)]를 클릭하고, Base_Body의 안쪽 측면과 GuideBlock의 측면을 차례로 클릭한다.

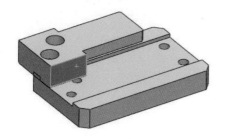 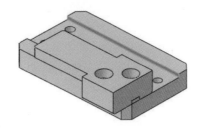

08 표준 메이트 화면에서 [일치( )]가 선택되어 있는지 확인하고,
[메이트 추가/마침( )]을 클릭한다.

09 [닫기( )]를 클릭하고, 일치 메이트 조건을 검사하기 위
해 아무런 기능이 실행되지 않은 상태에서 GuideBlock
부품을 마우스로 움직여본다.

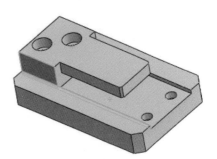

• GuideBlock은 Base_Body 위에서 더 이상 움직임이
없이 완전 조립이 되었다.

10 [메이트(메이트)]를 클릭하고, Base_Body의 윗면과 Fixed_Jo의 바닥면을 차례로 클릭한다.

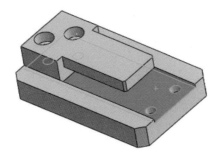 

11 표준 메이트 화면에서 [일치( )]가 선택되어 있는
지 확인하고, [메이트 추가/마침( )]을 클릭한다.

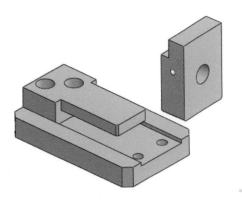

• [메이트 맞춤 뒤집기( )]를 클릭하여 방향을 반
대로 맞출 수가 있다.

12 계속해서 Base_Body의 측면과 Fixed_Jo의 뒷면
을 차례로 클릭한다.

13 표준 메이트 화면에서 [일치(⚡)]가 선택되어
있는지 확인하고, [메이트 추가/마침(✅)]을 클
릭한다.

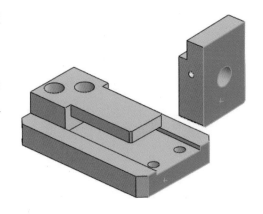

14 Base_Body의 안쪽 측면과 Fiexd_Jo의 측면을 차례로 클릭한다.

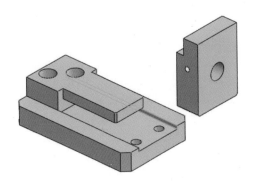
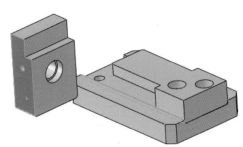

15 표준 메이트 화면에서 [일치(⚡)]가 선택되어 있는지 확인
하고, [메이트 추가/마침(✅)]을 클릭한다.

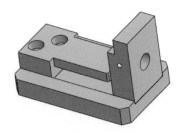

16 [닫기(✖)]를 클릭하고, 일치 메이트 조건을 검사하기 위해 아무런 기능이 실행되지 않은 상태
에서 Fixed_Jo 부품을 마우스로 움직여본다.

• Fixed_Jo은 Base_Body 위에서 더 이상 움직임이 없이 완전 조립이 되었다.

17 [메이트(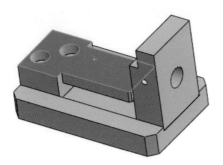메이트)]로 Guide_Block의 윗면과 Move_Jo의 아랫면을 차례로 클릭한다.

18 [일치()]가 선택되어 있는지 확인하고,
[메이트 추가/마침()]을 클릭한다.

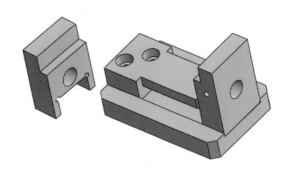

19 Guide_Block의 측면과 Move_Jo의 안쪽 측면을 차례로 클릭한다.

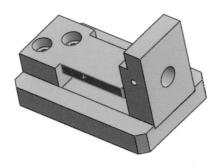

20 [일치(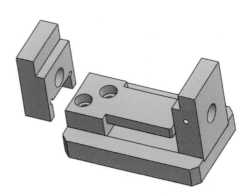)]가 선택되어 있는지 확인하고, [메이트
추가/마침()]을 클릭한다.

21 [닫기(✖)]를 클릭하고, 일치 메이트 조건을 검사하기 위해 아무런 기능이 실행되지 않은 상태에서 Move_Jo 부품을 마우스로 움직여본다.

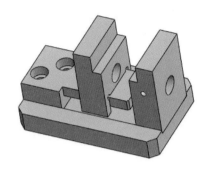

- Move_Jo은 Guide_Block 위에서 좌우 이동하는 움직임이 있음을 알 수 있다.(적당한 위치로 이동시킨다.)

22 [메이트(메이트)]로 Fixed_Jo의 측면과 Screw의 측면을 차례로 클릭한다.

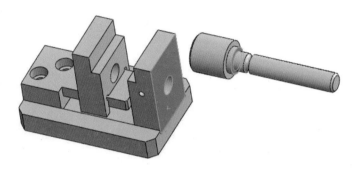

23 [일치(✓)]가 선택된 상태에서 조립되는 방향을 바꾸기 위해 [메이트 맞춤 뒤집기(↗)]를 클릭한다. [메이트 추가/마침(✓)]을 클릭한다.

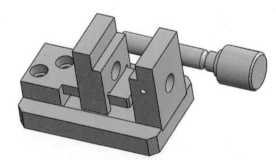

24 계속해서 Fixed_Jo의 구멍 원통면과 Screw의 바깥쪽 원통면을 차례로 클릭한다.

25 [동심(◎)]이 선택되어 있는지 확인하고, [메이트 추가/마침(✓)]을 클릭한다.

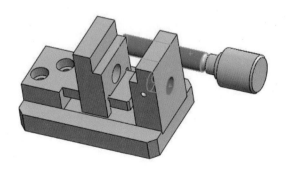

26 [닫기(✖)]를 클릭하고, 일치 및 동심 메이트 조건을
검사하기 위해 아무런 기능이 실행되지 않은 상태
에서 Screw 부품을 마우스로 움직여본다.

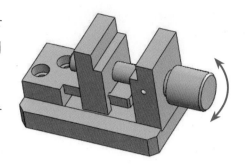

- Screw는 Fixed_Jo에서 이동이 없이 축 방향으로
  회전하는 것을 알 수 있다.

05 조립품 분해하기

다음 그림처럼 조립품을 분해해본다.

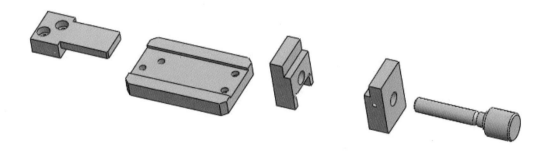

06 분해 지시선 스케치하기

다음 그림처럼 분해 지시선 스케치를 작성해본다.

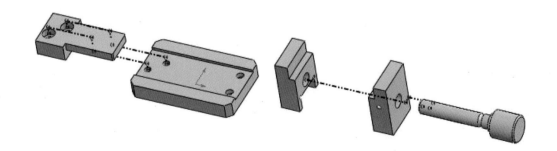

Part
4

SolidWorks
도면 작성하기

도면 템플릿 작성하기

이 장에서는 생성한 부품과 어셈블리의 도면을 만들기 위해 다음과 같은 내용을 학습한다.

◆ 도면 시작하기
◆ 환경설정에 의한 템플릿 만들기
◆ 레이어 설정하기
◆ SolidWorks 2D Emulator 활용하기
◆ 윤곽선, 표제란 만들기 및 노트 작성하기

01 도면 소개하기

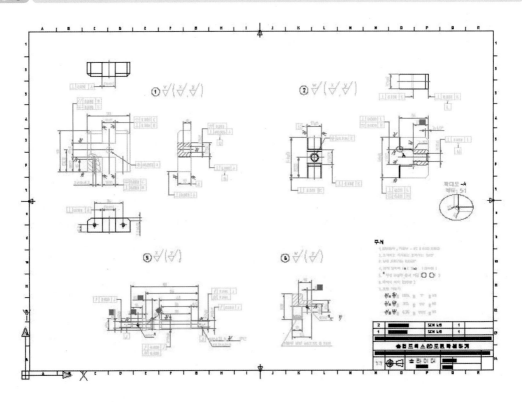

치수, 주석, 참조형상을 모델 문서(부품이나 어셈블리)에서 도면으로 삽입할 수 있다. 항목을 선택한 피처, 어셈블리 부품, 어셈블리 피처, 도면뷰 또는 모든 뷰에 삽입할 수 있다. 주석과 치수를 모든 도면뷰에 삽입하면 가장 적절한 뷰에 나타난다. 상세도나 단면도와 같은 부분도에 나타나는 피처는 이러한 뷰에서 처음으로 치수가 지정된다.

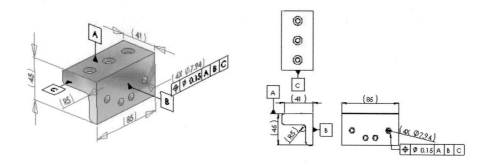

02 도면 시작하기

01 표준도구모음에서 [새 문서(□ ▼)] 아이콘을 클릭하거나, 메뉴바에서 [파일 ▷ 새 문서]를 클릭한다.

02 SolidWorks 새 문서 대화상자가 나타나면, [도면]을 선택하고 [확인(확인)] 버튼을 클릭한다.

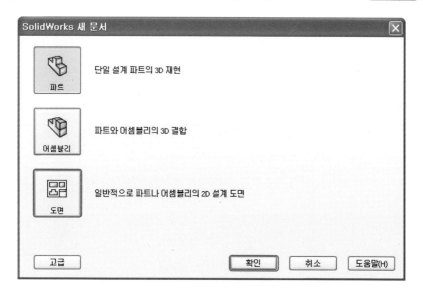

03 나타나는 시트 형식/크기 창에서 [사용자 정의 시트 크기]를 클릭한 후, A3용지 크기인 [가로: 420 – 세로: 297]을 입력하고, [확인(확인)]을 클릭한다.

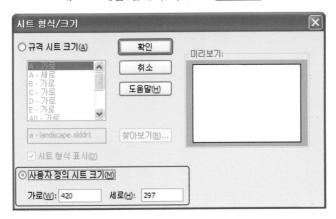

04 [FeatureManager 디자인트리]의 모델뷰는 [취소(✖)]를 클릭하여 창을 닫는다.

05 도면 창이 나타나며, 화면의 구성에 대하여 설명을 한다.

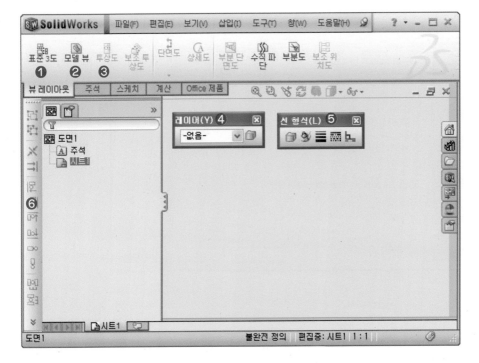

❶ 뷰 레이아웃 : 표준3도, 모델뷰, 투상도, 보조투상도, 단면도 등 뷰 작성에 필요한 도구

❷ 주석 : 치수기입, 노트삽입, 표면 거칠기, 기하공차, 데이텀 기호 등 주석에 관련된 도구

❸ 스케치 : 스케치에 필요한 도구

❹ 레이어 : 레이어 목록과 레이어 속성을 지정하는 도구

❺ 선 형식 : 선 색상, 두께, 유형 등 선에 관련된 도구

❻ 맞춤 : 노트 및 치수 정렬에 관련된 도구

TIP

기본 도면 창에 도구모음이 나와 있지 않다면, [도구–사용자 정의]–[도구모음]에서 필요한 도구를 체크하여 나타나게 한다.

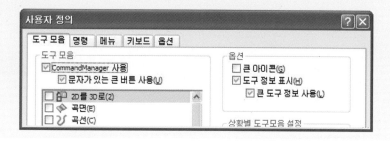

03 기본적인 도면 속성 설정하기

투상법 : 3각법 & 실척으로 설정한다.

01 작업시트의 빈 공간에서 마우스 오른쪽 버튼을 클릭하여 [속성]을 클릭한다.

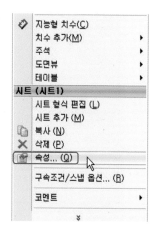

02 시트 속성 창에서 [투상법 유형]을 [3각법]으로 바꾸고, 배율은 실척으로 작업하기 위해 [1:1]로 설정한다.

03 [확인(확인)]을 클릭한다.

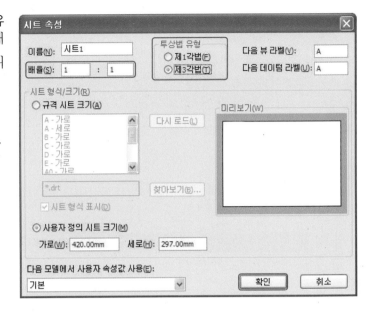

04 도면 환경 설정하기

[도구 – 옵션(📋)]에서 설정한 사항은 도면환경의 규칙에 맞게 세팅하여 작업을 한다. 이후 템플릿 파일로 저장하여 계속 사용할 수 있게 하는 작업이다.

01 [문서속성] 탭의 [제도 표준]을 클릭하여 일반제도 표준 ISO임을 확인한다.

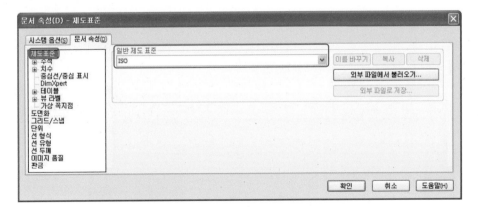

02 [주석] 탭에서는 글꼴크기, 지시선 유형 등의 옵션을 설정할 수 있다. 텍스트의 [글꼴]을 클릭하여 크기 [4]로 지정한다.

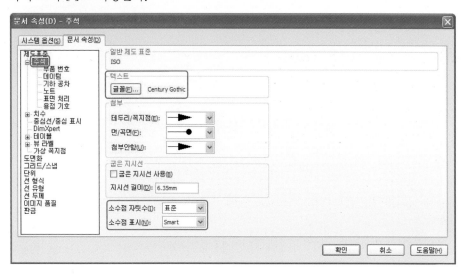

03 [주석] 탭의 [부품번호]를 클릭하여 텍스트의 [글꼴]을 클릭하여 크기 [6]으로 지정한다.

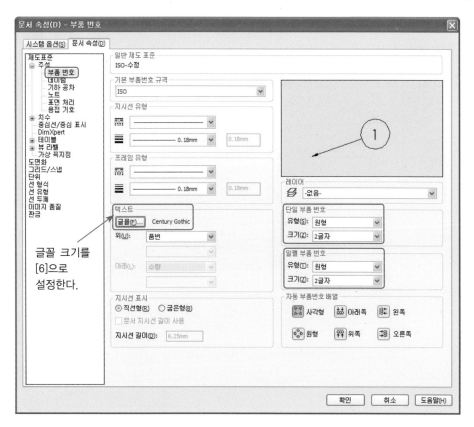

04 [주석] 탭의 [데이텀]을 클릭하여 텍스트 및 다음 사항을 확인한다.

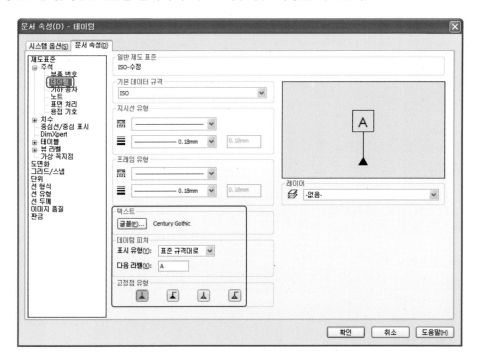

05 [주석] 탭의 [기하공차]를 클릭하여 텍스트 및 다음 사항을 확인한다.

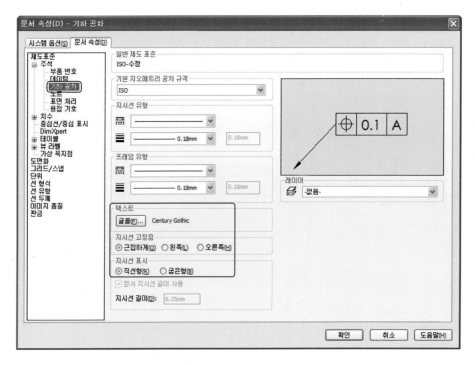

06 [주석] 탭의 [노트]를 클릭하여 텍스트 및 다음 사항을 확인한다.

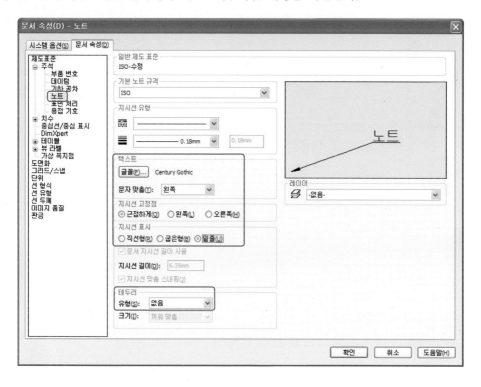

07 [주석] 탭의 [표면처리]를 클릭하여 텍스트 및 다음 사항을 확인한다.

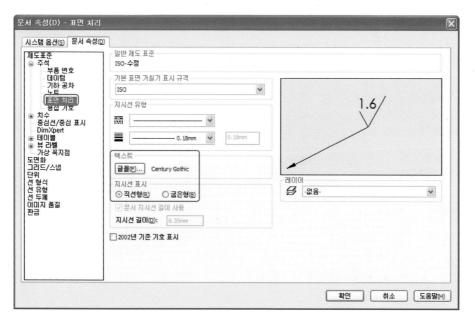

08 [주석] 탭의 [용접 기호]를 클릭하여 텍스트 및 다음 사항을 확인한다.

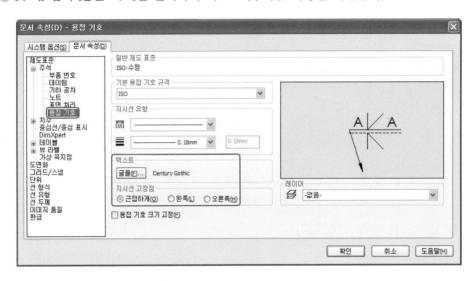

09-1 도면 환경설정의 가장 중요한 부분인 [치수] 탭을 클릭한다.
- 텍스트의 [글꼴]을 클릭하여 크기 [4]로 지정한다.
- [치수 보조선 중앙]을 클릭하여 체크 표시를 한다.

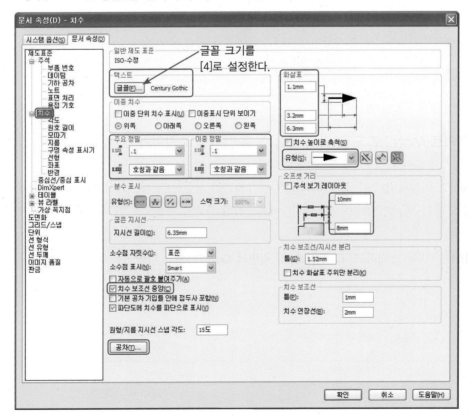

09-2 위 그림(9-1)에서 공차(공차(T)...)를 클릭하여 다음과 같이 설정한다.

- 기본으로 치수 공차에서는 처음은 왼쪽과 같이 [공차유형 – 없음]으로 설정한다.
  치수공차 글꼴 배율을 [0.5]로 설정한다.

- 상황에 따라 치수를 기입한 후, 오른쪽 그림과 같이 공차를 넣어준다.

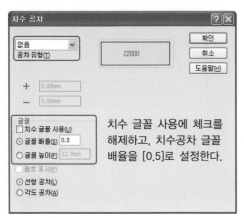 

10 [치수] 탭의 [각도]를 클릭하여 텍스트, 정밀 및 다음 사항을 확인한다.

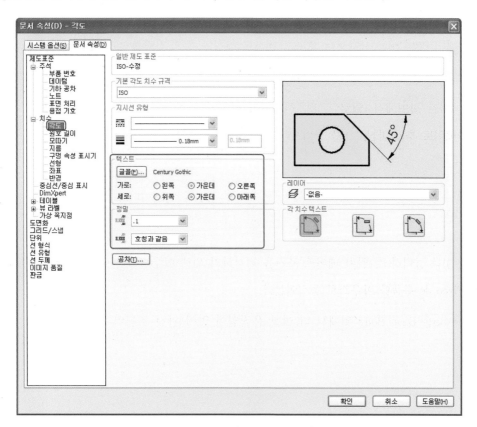

11 [주석] 탭의 [원호 길이]를 클릭하여 텍스트 및 다음 사항을 확인한다.

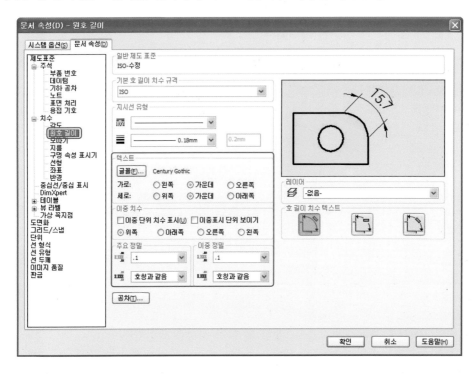

12 [주석] 탭의 [모따기]를 클릭하여 모따기 텍스트 형식과 주요 정밀을 다음과 같이 설정한다.

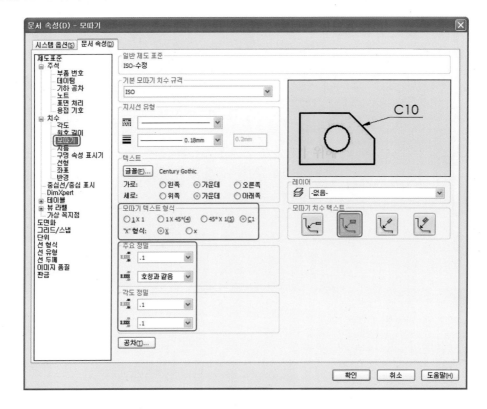

13 [주석] 탭의 [지름]을 클릭하여 다음 사항을 확인한다.

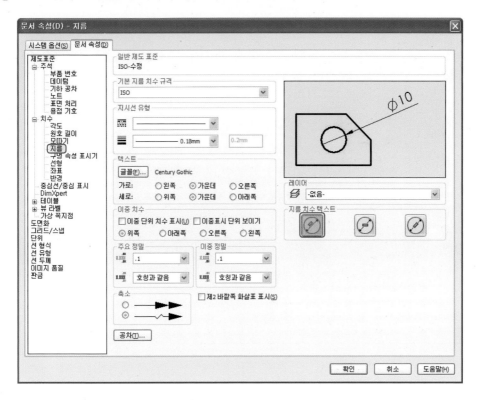

14 [주석] 탭의 [구멍 속성 표시기]를 클릭하여 다음 사항을 확인한다.

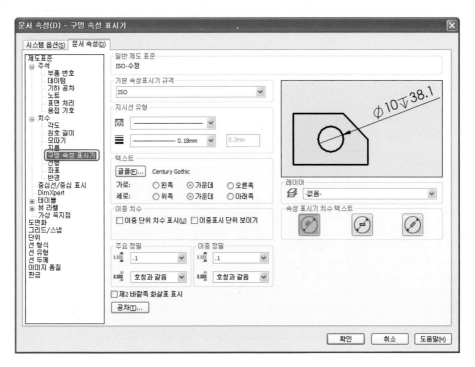

15 [주석] 탭의 [선형]을 클릭하여 다음 사항을 확인한다.

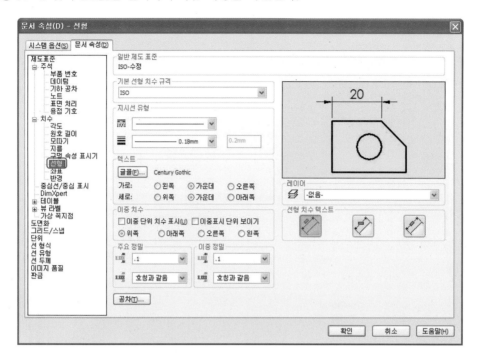

16 [주석] 탭의 [좌표]를 클릭하여 다음 사항을 확인한다.

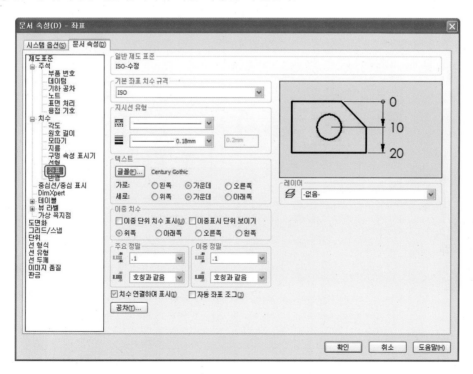

17 [주석] 탭의 [반경]을 클릭하여 다음 사항을 확인한다.

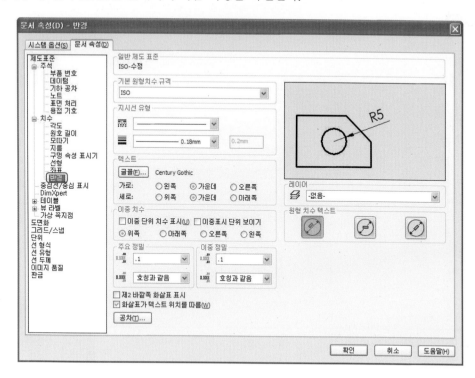

18 [중심선/중심 표시] 탭을 클릭하여 다음 사항을 확인한다.

19 [DimXpert] 탭을 클릭하여 다음 사항을 확인한다.

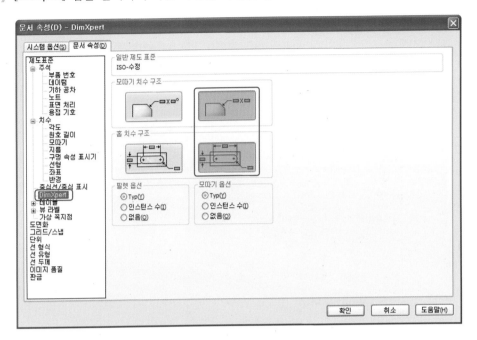

20 [가상 꼭지점] 탭을 클릭하여 다음 사항을 확인한다.

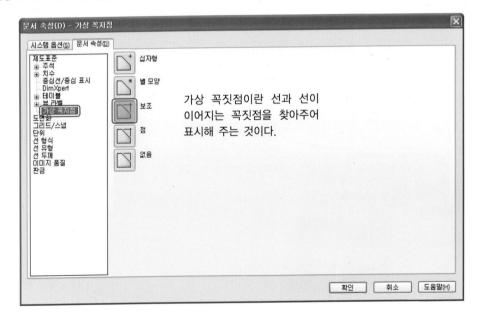

21 [도면화] 탭을 클릭하여 다음 사항을 확인한다.

22 [그리드/스냅] 탭을 클릭하여 다음 사항을 확인한다.

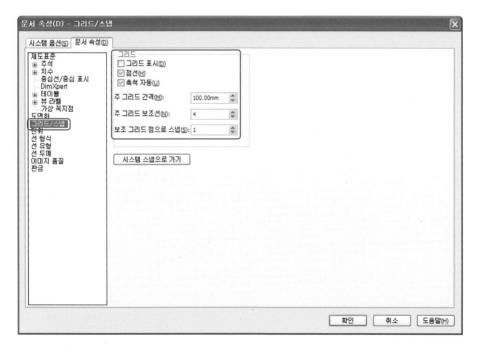

23 [단위] 탭을 클릭하여 단위계에 [사용자 정의]로 체크하고, 소수점 자릿수를 다음과 같이 설정한다.

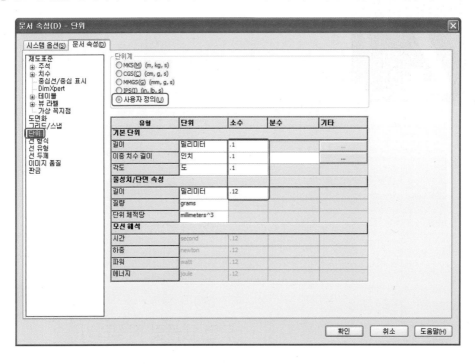

24 [선 형식] 탭을 클릭하여 각 부분에 들어가는 선들이 제도통칙에 의한 규격선들인지 확인한다.

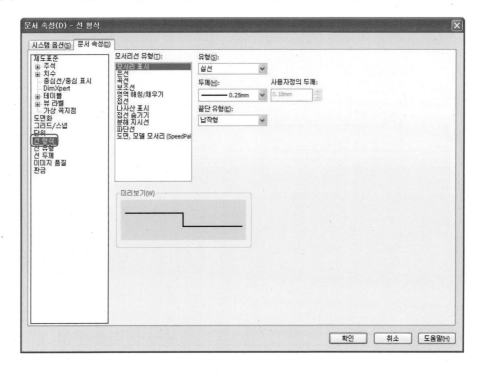

25 [선 유형] 탭을 클릭하여 나타나는 선 유형에서 [로드]를 이용하여 사용하고자 하는 선을 정의
하여 올리고, [새로 작성]을 이용하여 작업자가 새로운 선의 유형을 설정할 수 있다.

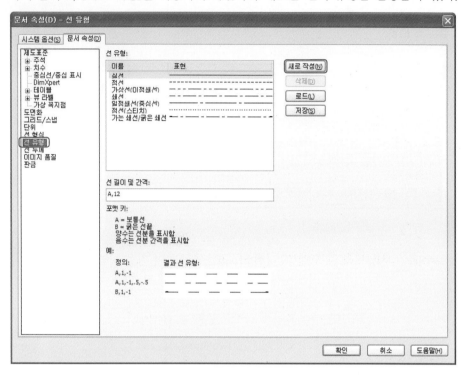

26 [선 두께] 탭을 클릭하여 도면을 출력할 때 사용되는 선의 유형에 해당하는 선 굵기를 설정한다.

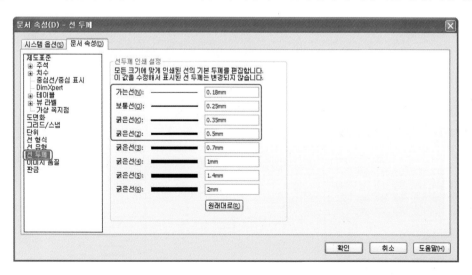

27 시스템 옵션에서 [확인(확인)]을 클릭하여, 창을 닫는다.

05 레이어 설정하기

레이어를 설정하는 방법에 대해 알아본다. 레이어 도구가 없다면 [도구-사용자 정의]에서 나타내게 한다.

01 레이어 도구에서 [레이어 속성(▤)]을 클릭하여 실행한다.

TIP

레이어 속성은 레이어를 작성, 편집, 삭제를 한다. 또한 레이어의 속성과 표시 여부를 변경할 수 있다.

02 레이어 창에서 [새로 작성]을 클릭하여 새로운 레이어를 작성한다.

03 새로 작성할 레이어의 이름과 각 항목을 순서대로 클릭하여 색, 선 유형, 선 두께를 지정한다.

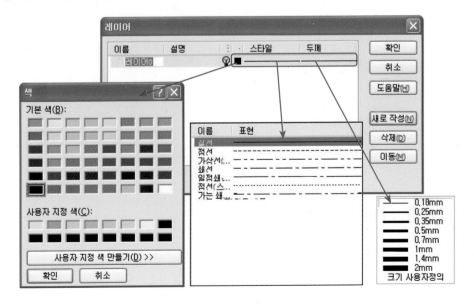

04 작성된 레이어는 다음과 같다. [확인([확인])]을 클릭하여, 창을 닫는다.

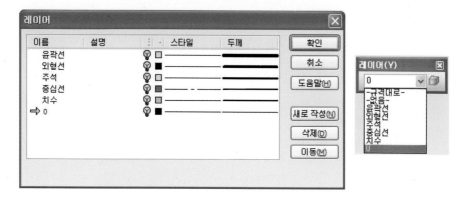

06 SolidWorks 2D Emulator

도면 테두리 및 중심선을 그린다.

01 [도구─애드인(Add in)]을 실행하고, [SolidWorks 2D
Emulator]를 클릭하여 체크한다.

02 [확인([확인])]을 클릭하여, 창을 닫는다.

TIP

SolidWorks 2D Emulator은 화면 하단에 Command 창이 활성
화되어 AutoCAD와 같은 형태의 작업이 가능하게 하는 도구이다.

03 작업 시트 위에서 마우스 오른쪽 버튼을 클릭하여 나타나는 메뉴에서 [시트형식 편집]을 클릭한다.

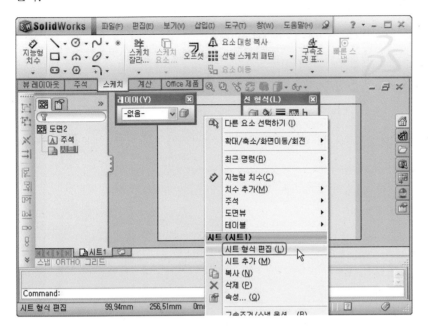

04 레이어를 [윤곽선]으로 설정한다.

05 화면 하단의 Command 창에 AutoCAD와 같이 입력을 한다.

Command: rec
Chamfer/Fillet/<First corner>: 10,10
Other corner: 410,287

06 도면의 윤곽선(테두리)이 작성되었다.

07 [보기-2D Command Emulator]을 클릭하여 체크 표시를 해제한다.

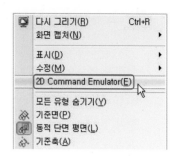

08 마우스로 윤곽선(테두리)을 모두 드래그(Drag)한 후 선택하고, [구속조건 부가]에서 [고정]을 선택한다.

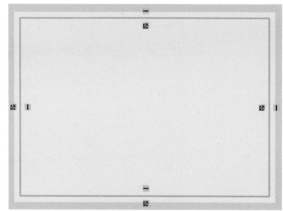

09 레이어를 [외형선]으로 설정한다.

10 스케치 도구 [선(＼)]을 이용하여 4군데 윤곽선 중간에 선을 그리고, [지능형 치수(지능형 치수)]로 길이 5를 입력한 후, Enter를 누른다.

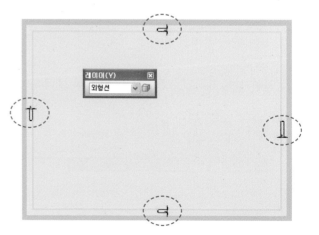

07 표제란 만들기

01 스케치 메뉴에서 [코너사각형(□)]과 [선(\)], [지능형 치수(지능형 치수)]를 이용하여 도면의 우측 하단에 표제란을 작성한다.

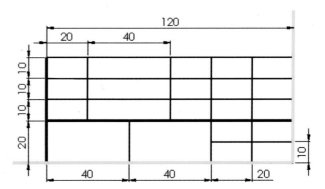

02 위의 그림에서 표시된 것과 같이 외형선을 제외한 나머지는 선택 후, 선 형식 도구의 선 두께에서 0.25mm로 지정하여 바꿔준다.

03 [보기 – 치수 숨기기/표시]를 실행하여 숨길 치수를 선택한 후, Enter 키를 누르면 치수가 스케치 상에서만 표시되고, [뷰레이아웃] 상에서는 표시되지 않게 숨겨진다.

[다시 선택한 후, Enter 를 누르면 화면 상에 표시가 된다.]

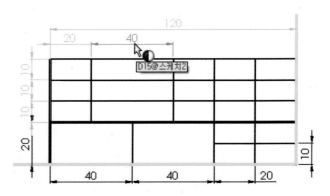

04 화면 상에 표시된 모든 치수에 대하여 [치수 숨기기]를 사용하여 숨기기 한다.

05 [주석] 탭에서 [노트( )]를 선택하여 글자가 삽입될 공간을 클릭한다. [서식] 도구가 활성화되며 사각형 영역 안에 글자를 입력한다.

06 공간을 클릭하여 연속적으로 주어진 표제란 형식과 같이 노트(글자)를 삽입한다.

2					
1					
품번	품 명		재질	수량	비고
작 품 명				척도	1:1
				각법	3각법

08 노트(글자) 정렬시키기

01 정렬시킬 노트(글자)와 함께 노트를 감싸고 있는 테두리(표제란)도 모두 마우스로 드래그하여 선택한다.

TIP

Solid맞춤 도구모음에 해당 아이콘이 없으면 [도구 – 사용자 정의] – [명령] 탭의 카테고리 [정렬]에서 [선 사이 맞춤( )]을 마우스로 드래그하여 위치시킨다.

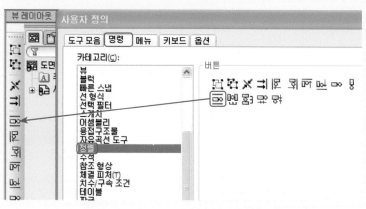

02 [맞춤] 도구모음의 [선 사이 맞춤(⊞)]을 클릭한다. 그러면 노트(글자)와 가까이에 있는 선의 중앙에 글자를 정렬시킨다.

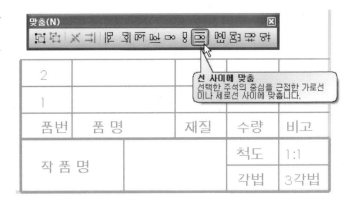

03 맞춤을 정렬시킨 노트(글자)들이 다음과 같이 표시된다.

09 수검번호, 이름란 작성하기

01 같은 방법을 이용하여 도면의 좌측 상단에 수검번호와 이름 등이 삽입될 표와 노트를 작성하고, 정렬을 시킨다.

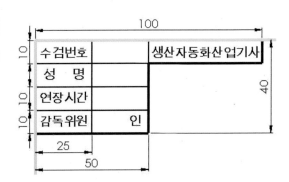

02 [보기 – 치수 숨기기/표시]를 실행하여 치수들을 숨긴다.

03 도면에 대한 기본적인 작업을 완료했기 때문에 시트영역에서 마우스 오른쪽 버튼을 클릭하여 [시트 편집]을 클릭한다.

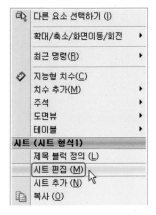

04 작업 창을 빠져나왔기 때문에 표제란 등
의 표는 수정을 할 수 없는 상태가 된다.

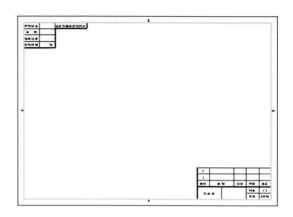

10 작업한 시트 저장하기

사용자가 직접 만든 도면 양식과 표제란 및 부품표를 언제든지 사용할 수 있게 저장시킨다.

01 [파일 – 시트 형식 저장]을 클릭한다.

02 파일 이름을 입력하고, [저장(저장(S))]을 클릭한다.

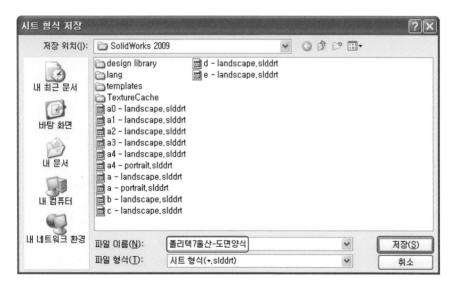

11 도면 템플릿으로 저장하기

템플릿은 사용자 정의 변수를 포함한 부품, 도면, 어셈블리 문서이며, 새로운 문서의 기준이 된다. 다시 말해, 사용자가 정한 옵션을 포함한 도면 환경 등을 저장하여 매번 설정을 변경하지 않고, 필요할 때마다 언제든지 동일한 환경에서 작업을 할 수 있게 하는 파일이다.

01 [파일 – 다른 이름으로 저장]을 클릭한다.

02 파일형식을 [도면 템플릿(*.drwdot)]로 설정한다.

03 templates 폴더에 "생산자동화도면"이라는 이름으로 저장한다.

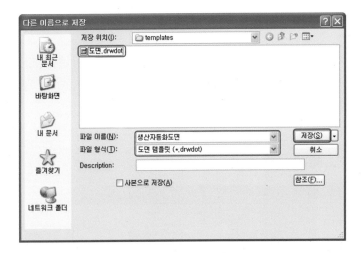

04 [새 문서(□ ▾)]를 열기하여, [고급(고급)] 버튼을 클릭해서 보면 저장시킨 템플릿 파일이 나타나는 것을 볼 수 있다.

Section 16

Bracket 도면 작성하기

이 장에서는 생성한 부품과 어셈블리의 도면을 만들기 위해 다음과 같은 내용을 학습한다.

◆ 도면 시작 및 작성하기
◆ 단면도 작성하기
◆ 도면에 치수 기입하기
◆ 표면 거칠기 삽입 및 기하공차 기입하기
◆ 뷰 정렬하기

01 도면 작성하기

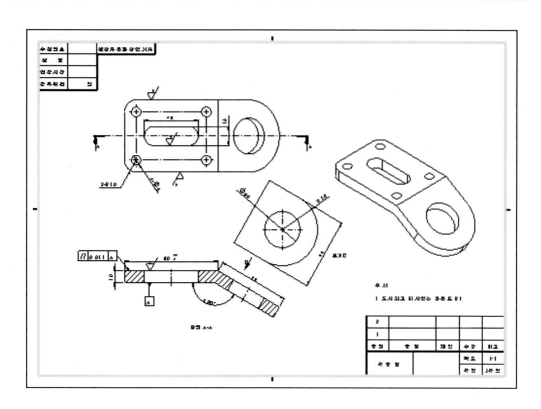

1. 모델뷰

새 도면을 작성하거나, 모델 뷰를 도면 문서에 삽입할 때 모델뷰 PropertyManager가 열린다. 모델 문서에 있는 뷰 이름에서 뷰의 방향을 선택한다.

2. 부분 단면도

부분 단면도는 도면뷰의 일부분으로 독립된 뷰가 아니다. 닫힌 프로파일, 대개는 자유곡선으로 부분 단면도를 정의하며, 작성할 때 일정한 깊이로 재질을 제거하여 내부를 자세히 표시하기도 한다.

3. 부분도

상세도 또는 상세도가 작성된 뷰, 분해도를 제외한 모든 도면에서 부분도를 작성할 수 있고, 새 뷰를 작성하는 것이 아니므로 단계를 저장할 수 있다.

4. 보조 투상도

보조 투상도는 투상도와 유사하지만, 기존 뷰의 참조 모서리에 수직으로 투영된다.

02 모델 뷰의 기준방향 설정하기

01 [열기(⬚ ▾)]를 이용하여 도면작업을 할 부품 [브라켓.sldprt]을 열기한다.

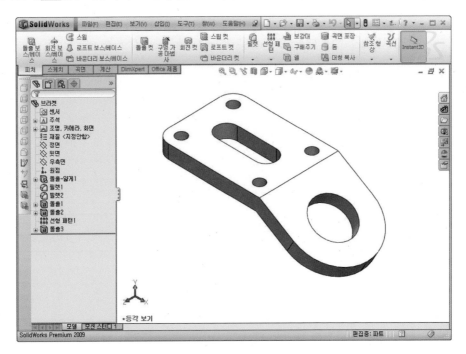

02 기준 뷰 방향을 설정하기 위해 Ctrl 키를 누른
   상태에서 ❶앞면을 선택하고, ❷윗면을 선택한다.

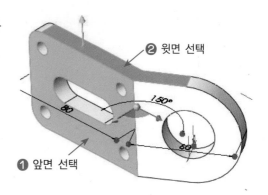

❷ 윗면 선택

❶ 앞면 선택

TIP

기준뷰(정면도)의 설정방법은 Ctrl 키를 누른 상태에서 첫 번째 선택하는 면은 화면에 평행(Front)하게 보이는
면이고, 두 번째 선택하는 면은 위(Top)로 향하는 면이다. 설정 이후, 화면상태를 저장해야 한다.

03 [Ctrl+8]을 눌러 스케치할 면을 똑바로 놓는다.

TIP

[Ctrl + 8]은 면에 수직보기(⊥) 기능으로 뷰방향을
선택한 평면, 면 또는 피처에 수직이 되도록 회전하고
확대/축소한다.

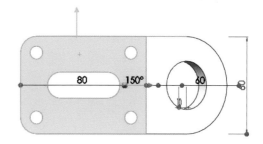

04 [보기 – 수정 – 도면방향]을 클릭한다.

05 [새 뷰(🐌)]를 클릭하여 나타나는 명명도의 뷰 이름에 [기준뷰]로 입
   력하고 [확인(확인)]을 클릭한다.

06 방향을 새로 작성한 "기준뷰"가 등록되었다.
   이 기준뷰는 도면 작업시 최초로 생성하는 뷰의 기준방향이 된다.
   ❌를 클릭하여 창을 닫는다.

07 추가된 사항에 대하여 부품을 [저장(💾▾)]한다.

03 도면 시작하기 및 뷰 배치

01 표준도구모음에서 [새 문서( )] 아이콘을 클릭하거나, 메뉴바에서 [파일 ▷ 새 문서]를 클릭한다.

02 [고급(고급)] 버튼을 클릭해서 앞에서 작성한 [생산자동화도면] 템플릿을 선택한 후, [확인(확인)]을 클릭한다.

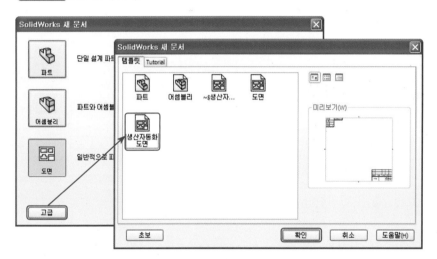

03 [FeatureManager 디자인트리]의 모델뷰는 [취소(✖)]를 클릭하여 창을 닫는다.

04 [뷰 레이아웃] 탭에서 [모델 뷰(모델 뷰)]를 클릭하여 실행한다.

05 모델 뷰의 찾아보기에서 [브라켓.sldprt]를 선택하고 [열기(열기(O))]를 클릭한다.

06 모델 뷰 방향을 [기준뷰]로 설정하고, 미리보기를 클릭하여 체크 표시를 한다.

07 도면 시트 안쪽 적당한 곳을 클릭하여 뷰를 위치시킨다.

08 [확인(✔)]을 클릭한다.

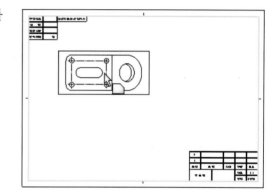

09 [뷰 레이아웃] 탭에서 [단면도(단면도)]를 클릭하여 실행한다.

10 단면도를 작성하기 위해 도면 뷰의 중간에 수평하게 ❶→❷를 잇는 선을 그린다.

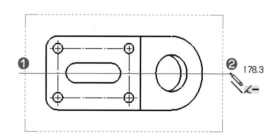

178.3

11 단면도에서 절단선의 [반대방향]에 체크를 하여 생성되는 단면의 위치를 바꾼다.

12 단면뷰가 삽입될 위치를 클릭하여 지정하고,
[확인(✔)]을 클릭한다.

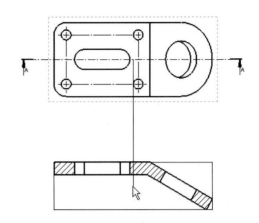

13 생성된 단면뷰에서 마우스 오른쪽 버튼을 클릭
하여 나타나는 메뉴에서 [접선 – 접선 숨기기]
를 클릭하여 접선 표시를 숨긴다.

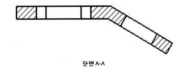

단면 A-A

단면 A-A

14 [뷰 레이아웃] 탭에서 [보조 투상도(보조투상도)]를 클릭하여 실행한다.

15 보조 투상도를 전개할 **참조 모서리선(기준축, 스케치 선)**을
선택한다.

참조 모서리 선 선택

단면 A-A

16 보조 투상도가 배치될 위치를 클릭하여 지정하
고, [확인(✔)]을 클릭한다.

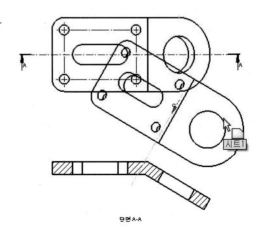

단면 A-A

17 아무런 기능이 실행되지 않은 상태에서 해당 뷰에 마우스를 가까이 가져가면 마우스 모양이
(🖑) 바뀌면서 빨간색 테두리 선이 나타난다.

이때 빨간색 테두리 선에서 마우스 왼쪽 버튼으로 끌기를 하여 뷰의 위치를 재배치한다.

18 2D 스케치를 위해 생성된 [보조 투상뷰]를 마우스로 클릭한다.

TIP

스케치를 위해 기존에 생성된 뷰를 클릭하여 지정하는 이유는 해당 뷰 안에 스케치를 포함시키기 위해서이다.

19 [스케치] 탭에서 [코너사각형(□)]을 클릭한 후, 직사각형 유형을
[세 점 코너 사각형(◇)]으로 클릭하여 선택한다.

20 세 점(❶,❷,❸)을 이용하여 사각형을 작성하고, [확인(✔)]을
클릭한다.

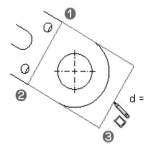

21 [뷰 레이아웃] 탭에서 [부분도
(📄)]를 클릭하여 실행한다.

22 부분도가 작성되었다.

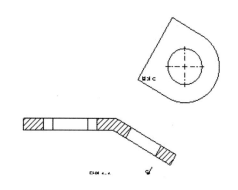

23 [뷰 레이아웃] 탭에서 [투상도(투상도)]를 클릭한다.

24 투영할 도면뷰로 ❶[단면도]를 선택한 후, 등각으로 표현된 뷰의 ❷위치를 지정하여 클릭한다.

25 [확인(✅)]을 클릭한다.

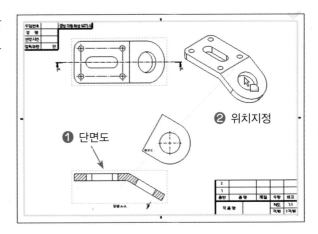

04 치수 및 주석 기입하기

01 [주석] 탭을 클릭한다.

02 [지능형 치수(지능형 치수)]를 이용하여 호를 선택한 후, 치수가 삽입될 위치를 지정한다.

03 FeatureManager 디자인트리에서 [치수 텍스트] 부분의 R〈DIM〉 앞에 2–를 입력하고, [확인(✅)]을 클릭한다.

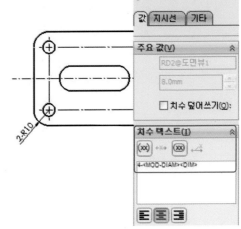

04 [지능형 치수(지능형 치수)]를 이용하여 원을 선택한 후, 치수가 삽입될 위치를 지정한다.

05 [치수 텍스트] 〈MOD-DIAM〉〈DIM〉 앞에 4-를 입력하고, [확인(✓)]을 클릭한다.

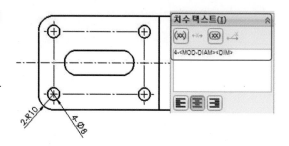

06 [지능형 치수(지능형 치수)]를 이용하여 스케치에서와 같은 방법으로 아래와 같이 치수 기입을 완성시킨다.

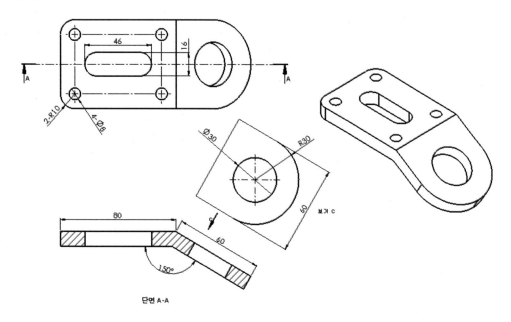

단면 A-A

07 [중심선(📏 중심선)]을 선택하고, 중심선이 삽입될 선 두 개를 지정하면, 선택한 두 선 사이에 중심선이 생성된다.

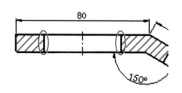

08 같은 방법으로 다른 곳에도 중심선을 작성한다.

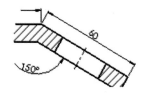

215

09 [노트(A)]를 이용하여 오른쪽 하단 부분에 노트(글자)를 다음과 같이 기입한다.

주 서
1. 도시되고 지시없는 라운드 R1

2				
1				
품번	품 명	재질	수량	비고
작 품 명			척도	1:1
			각법	3각법

05 치수 편집 및 표면거칠기, 기하공차 기입하기

이미 기입된 치수에 공차나 주석 또는 텍스트를 기입할 수 있다.

01 이미 작성된 치수를 선택한다.

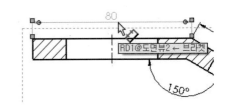

02 작업창 왼쪽에 나타나는 FeatureManager에서 [치수 텍스트]에서 실제 치수가 아닌 사용자가 직접 치수를 기입할 수 있다.

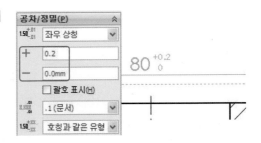

03 [공차/정밀] 부분에서 [좌우 상칭]으로 설정하고, +값과 −값을 입력한다. 또한 공차의 소수점 자릿수도 지정할 수 있다.

04 이미 작성된 치수를 선택한다.

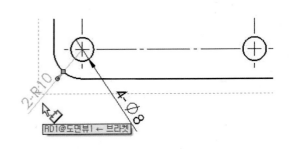

05 FeatureManager에서 [지시선] 탭을 선택한다. [사용자 정의 텍스트
위치]를 클릭하여 나타나는 메뉴에서 [분리
된 지시선, 수평문자]를 선택한다.

그림과 같이 치수가 표시된다.

06 주석 도구모음에서 [표면 거칠기 표시(✓)]를 클릭한다.

07 [기호] 탭에서 절삭(✓)에 해당하는 기호를 선택한다. ─────

08 [기호 레이아웃] 탭에서 표면 거칠기 정도를 입력한다. ─────

09 표면 거칠기의 각도(방향)를 지정한다. ─────

10 표면 거칠기가 표시될 모서리를 클릭하여 배치시킨다.

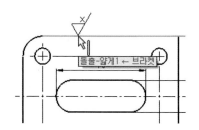

11 다른 부분도 표면 거칠기의 정도와 각도를 조절하여
표면 거칠기 기호를 삽입한다.

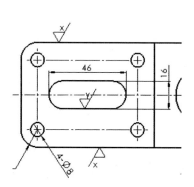

12 주석 도구모음에서 [데이텀 기호(⬛)]를 클릭한다.

13 [라벨 설정]에서 라벨(A)을 입력한다.

14 [지시선]에서 **채워진 삼각형(▲)**으로 설정한다.

15 데이텀 기호가 표시될 모서리를 클릭하고 방향을 설정하여 배치시킨다.

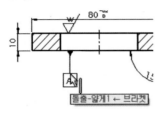

16 기하공차가 삽입될 모서리를 선택한다.

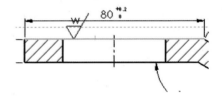

17 주석 도구모음에서 [기하공차(⬛)]를 클릭한다.

18 기호(⬛)를 눌러 [평행도(//)]를 선택하고, [공차 0.011]을 입력한다.

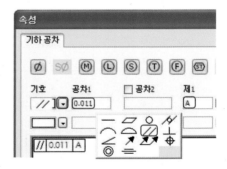

19 제1 부분에는 데이텀 기호 A를 입력한다.

20 [확인(확인)]을 클릭하면 기하공차가 삽입되고, 마우스를 이용하여 적당한 위치로 끌기하여 이동시킨다.

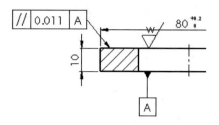

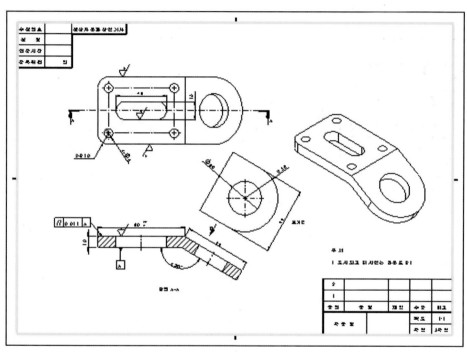

Section 17 Vise 도면 작성하기

01 도면 작성하기

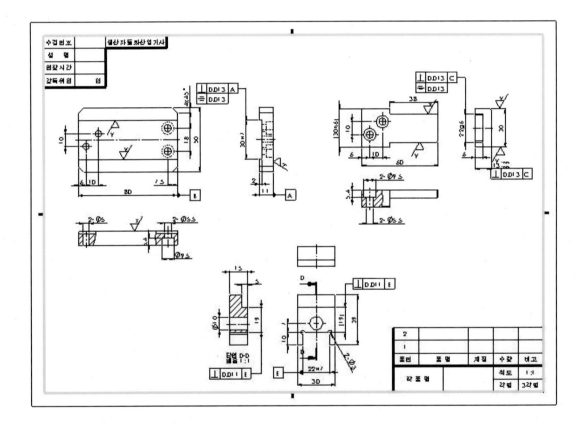

02 Base_Body 부품의 도면 작성하기

01 [열기( )]를 이용하여 도면작업을 할 부품 [Base_Body.sldprt]을 열기한다.

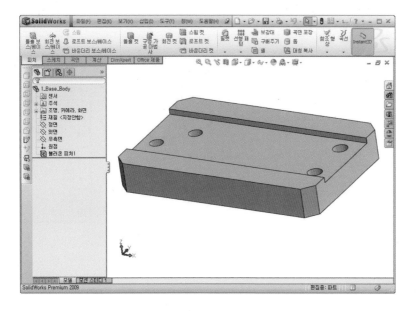

02 기준 뷰 방향을 설정하기 위해 Ctrl 키를 누른 상태에서
❶앞면을 선택하고, ❷윗면을 선택한다.

03 [Ctrl+8]을 눌러 스케치할 면을 똑바로 놓는다.

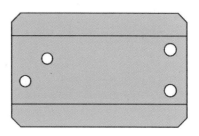

04 [보기 – 수정 – 도면방향]을 클릭한다.

05 [새 뷰(✎)]를 클릭하여 나타나는 명명도의 뷰 이름에 [기준 뷰]로 입력하고 [확인(확인)]을 클릭한다.

06 방향 새로 작성한 "기준뷰"가 등록되었다.
이 기준뷰는 도면작업시 최초로 생성하는 뷰의 기준방향이 된다.
☒를 클릭하여 창을 닫는다.

07 추가된 사항에 대하여 부품을 [저장(🖫▾)]을 한다.

08 표준도구모음에서 [새 문서(🗋▾)] 아이콘을 클릭하거나, 메뉴바에서 [파일 ▷ 새 문서]를 클릭한다.

09 [고급(고급)] 버튼을 클릭해서 앞에서 작성한 [생산자동화도면] 템플릿을 선택한 후, [확인(확인)]을 클릭한다.

10 [FeatureManager 디자인트리]의 모델뷰는 [취소(✖)]를 클릭하여 창을 닫는다.

11 [뷰 레이아웃] 탭에서 [모델 뷰
(모델뷰)]를 클릭하여 실행한다.

12 모델 뷰의 찾아보기에서 [Base_Body.sldprt]를 선택하고 [열기(열기(O))]를 클릭한다.

13 모델 뷰 방향을 [기준뷰]로 설정하고, 미리보기를 클릭하여 체크 표
시를 한다.

14 배율에서는 [사용자 정의 배율 사용]으로 정의하고, [1:1]로 설정
한다.

15 도면 시트 안쪽 적당한 곳을 클릭하여 뷰
를 위치시켜 정면도를 배치시킨다.

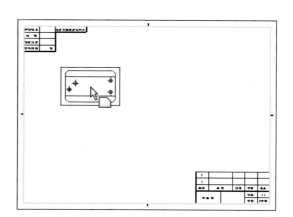

16 마우스를 우측으로 옮겨놓고, 클릭하여 우
   측면도를 배치시킨다.

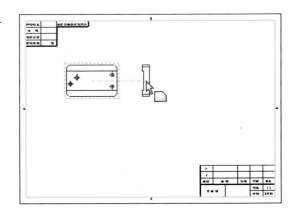

17 마우스를 아래로 옮겨놓고, 클릭하여 배
   면도를 배치시킨다.

TIP

마우스를 위로 옮겨놓고, 클릭하면 평면도가 만들
어진다.

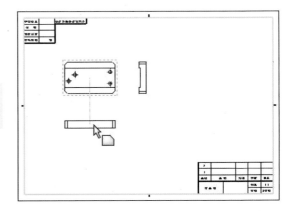

18 투상도 창에서 [확인(✅)]을 클릭하여 뷰 배치를 마무리한다.

19 배치된 측면도를 선택하여 나타나는 도면뷰 창의 [표
   시 유형]에서 [은선표시(▣)]를 선택하고, [대화상자
   닫기(✅)]를 클릭한다.

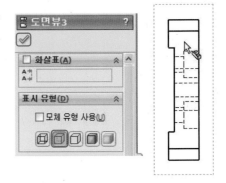

20 같은 방법으로 배치된 정면도를 선택하여
나타나는 도면뷰 창의 [표시 유형]에서 [은선
표시(⬜)]를 선택하고, [대화상자 닫기(✔)]를
클릭한다.

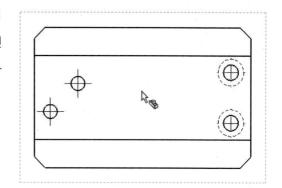

21 2D 스케치를 위해 생성된 [배면도]를 마우스
로 클릭한다.

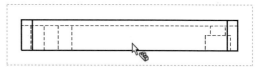

TIP

스케치를 위해 기존에 생성된 뷰를 클릭하여 지정하는 이유는 해당 뷰 안에 스케치를 포함시키기 위해서이다.

22 [스케치] 탭에서 [자
유곡선(⌒ ▾)]을 클
릭한다.

23 그림처럼 닫혀있는 스케치를 하고, [확인(✔)]
을 클릭한다.

24 [뷰 레이아웃] 탭에서 [부분 단
면도(▤)]를 클릭하여 실행
한다.

25 자르기 목적 지점을 선택하는 메시지에서 [정면도]의 구멍을 선택
하고, [확인(✔)]을 누르면 작성한 자유곡선 스케치 영역 안쪽으
로 부분단면이 만들어진다.

자르기 지점 :
정면도 구멍 선택

26 같은 방법으로 왼쪽에 부분단면을 작성하기 위해 [배면도]를 마우스로 클릭한다.

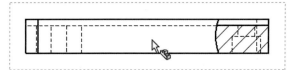

27 [스케치] 탭에서 [자유곡선(∿ ▾)]으로 그림처럼 닫혀있는 스케치를 하고, [확인(✅)]을 클릭한다.

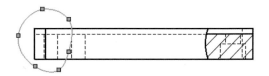

28 [뷰 레이아웃] 탭에서 [부분 단면도(부분단면도)]를 클릭하여 실행한다.

29 자르기 목적 지점을 선택하는 메시지에서 [정면도]의 구멍을 선택하고, [확인(✅)]을 누르면 작성한 자유곡선 스케치 영역 안쪽으로 부분단면이 만들어진다.

자르기 지점 : 정면도 구멍 선택

30 배치된 배면도를 선택하여 나타나는 도면뷰 창의 [표시 유형]에서 [모체 유형 사용]을 클릭하여 선택 해제한 후, [은선제거(⬚)]를 선택하고, [대화상자 닫기(✅)]를 클릭한다.

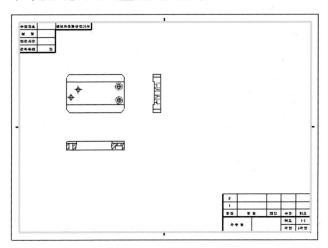

31 [주석] 탭의 [중심선(중심선)]을 선택하고, 중심선이 삽
입될 선 두 개를 지정하면, 선택한 두 선 사이에 중심
선이 생성된다.

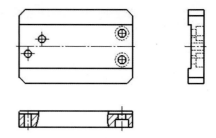

32 [지능형 치수(지능형 치수)]를 이용하여 스케치에서와 같은 방법으로 아래와 같이 치수 기입을 완성시
킨다.

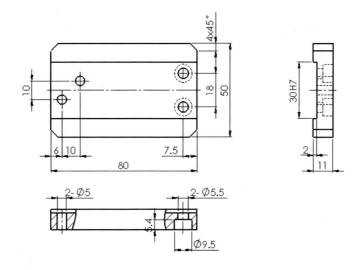

33 [표면 거칠기 표시(✓)], [데이텀 기호(▦)], [기하공차(▦)]를 이용하여 도면을 완성시킨다.

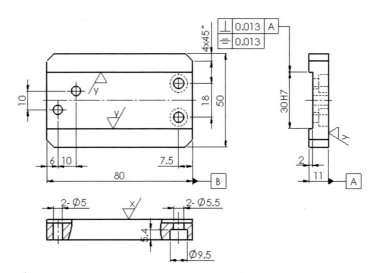

03 GuideBlock 부품의 도면 작성하기

01 [열기( )]를 이용하여 도면 작업을 할 부품 [GuideBlock.sldprt]을 열기한다.

02 기준 뷰 방향을 설정하기 위해 Ctrl 키를 누른 상태에서
❶앞면을 선택하고, ❷윗면을 선택한다.

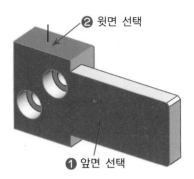

❷ 윗면 선택

❶ 앞면 선택

03 Ctrl + 8 을 눌러 스케치할 면을 똑바로 놓는다.

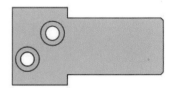

04 [보기 – 수정 – 도면방향]을 클릭한다.

05 [새 뷰( )]를 클릭하여 나타나는 명명도의 뷰 이름에
[기준뷰]로 입력하고 [확인(확인)]을 클릭한다.

06 방향 새로 작성한 "기준뷰"가 등록되었다.
이 기준뷰는 도면 작업시 최초로 생성하는 뷰의 기준 방향이 된다.
☒를 클릭하여 창을 닫는다.

07 추가된 사항에 대하여 부품을 [저장( )]한다.

08 앞에서 작업한 [Base_Body]의 도면을 화면에 나타
나게 한다.

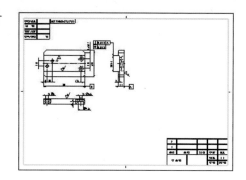

09 [뷰 레이아웃] 탭에서 [모델 뷰(모델뷰)]를 클릭하여 실행한다.

10 모델 뷰의 찾아보기에서 [GuideBlock.sldprt]를 선택하고 [열기(열기(O))]를 클릭한다.

11 모델 뷰 방향을 [기준뷰]로 설정하고, 미리보기를 클릭하여 체크
표시를 한다.

12 배율에서는 [사용자 정의 배율 사용]으로 정의하고, [1:1]로 설정한다.

13 도면 시트 안쪽 적당한 곳을 클릭하여 뷰
를 위치시켜 [정면도]를 배치시킨다.

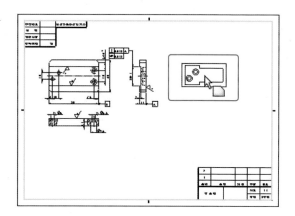

16 마우스를 우측으로 옮겨놓고, 클릭하여 [우측면도]를 배치시킨다.

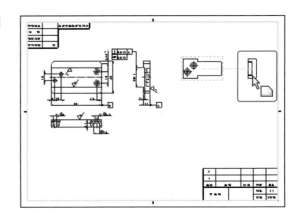

17 마우스를 아래로 옮겨놓고, 클릭하여 [배면도]를 배치시킨다.

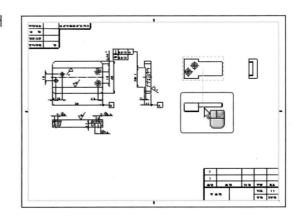

18 투상도 창에서 [확인(✓)]을 클릭하여 뷰 배치를 마무리한다.

19 부분단면을 작성하기 위해 [배면도]를 마우스로 클릭하고, [스케치] 탭에서 [자유곡선(∿ ▾)]으로 그림처럼 닫혀있는 스케치를 하고, [확인(✓)]을 클릭한다.

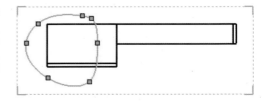

20 [뷰 레이아웃] 탭에서 [부분 단면도(📐)]를 클릭하여 실행한다.

21 자르기 목적 지점을 선택하는 메시지에서 [정면도]의 구멍을 선택하고, [확인(✓)]을 누르면 작성한 자유곡선 스케치 영역 안쪽으로 부분단면이 만들어진다.

자르기 지점 :
정면도 구멍 선택

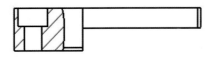

22 [주석] 탭의 [중심선(중심선)]을 선택하고, 중
심선이 삽입될 선 두 개를 지정하면, 선택한
두 선 사이에 중심선이 생성된다.

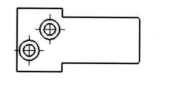

23 [지능형 치수(지능형
치수)]를 이용하여 스케치에서와 같은 방법으로 치수 기입과 [표면 거칠기 표시
(✓)], [데이텀 기호(🔳)], [기하공차(🔲)]를 이용하여 도면을 완성시킨다.

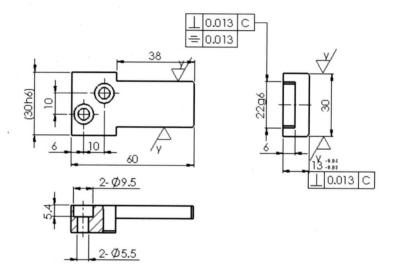

04 Move_Jo 부품의 도면 작성하기

01 [열기(📂 ▾)]를 이용하여 도면 작업을 할 부품 [Move_Jo.sldprt]을 열기한다.

02 기준 뷰 방향을 설정하기 위해 Ctrl 키를 누른 상태에서 ❶앞면
을 선택하고, ❷윗면을 선택한다.

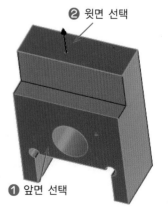

❷ 윗면 선택

❶ 앞면 선택

231

03 [Ctrl]+[8]을 눌러 스케치할 면을 똑바로 놓는다.

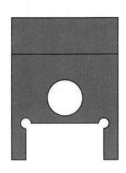

04 [보기 – 수정 – 도면방향]을 클릭한다.

05 [새 뷰(✎)]를 클릭하여 나타나는 명명도의 뷰 이름에 [기준뷰]로 입력하고 [확인(확인)]을 클릭한다.

06 방향 새로 작성한 "기준뷰"가 등록되었다.
이 기준뷰는 도면 작업시 최초로 생성하는 뷰의 기준방향이 된다.
☒를 클릭하여 창을 닫는다.

07 추가된 사항에 대하여 부품을 [저장(💾▾)]한다.

08 앞에서 작업한 [Base_Body]의 도면을 화면에 나타나게 한다.

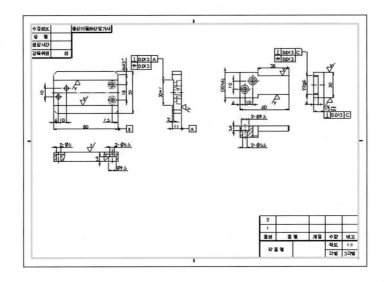

09 [뷰 레이아웃] 탭에서 [모델 뷰(🖼모델뷰)]를 클릭하여 실행한다.

10 모델 뷰의 찾아보기에서 [Move_Jo.sldprt]를 선택하고 [열기(열기(O))]를 클릭한다.

11 모델 뷰 방향을 [기준뷰]로 설정하고, 미리보기를 클릭하여 체크 표시를 한다.

12 배율에서는 [사용자 정의 배율 사용]으로 정의하고, [1:1]로 설정한다.

13 도면 시트 안쪽 적당한 곳을 클릭하여 뷰를 위치시켜 [정면도]와 위로 이동시켜 [평면도]를 배치시킨다.

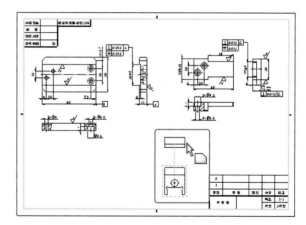

14 투상도 창에서 [확인(✔)]을 클릭하여 뷰 배치를 마무리한다.

15 [뷰 레이아웃] 탭에서 [단면도(단면도)]를 클릭하여 실행한다.

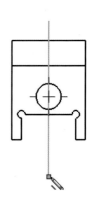

16 단면도를 작성하기 위해 [정면도]를 마우스로 클릭하고, [스케치] 탭에서 [선(╲)]으로 그림처럼 수직선을 그린다.

17 나타나는 단면도 창의 [절단선] 반대방향을 클릭하여 방향을 바꾼다.

18 단면도의 위치를 왼쪽으로 지정하여 클릭한다.

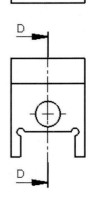

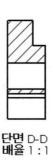

단면 D-D
배율 1 : 1

19 [주석] 탭의 [중심선(⊞ 중심선)]을 선택하고, 중심선이 삽입될 선 두 개를 지정하면, 선택한 두 선 사이에 중심선이 생성된다.

20 [지능형 치수(지능형 치수)]를 이용하여 스케치에서와 같은 방법으로 치수 기입과 [표면 거칠기 표시 (✓)], [데이텀 기호(⊞)], [기하공차(⊞)]를 이용하여 도면을 완성시킨다.

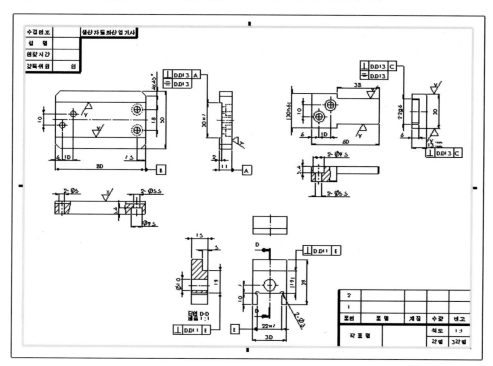

Block 조립도 작성하기

01 조립도면 생성하기

01 [열기(📂▾)]를 이용하여 24장에서 조립한 [생산자동화조립1.sldasm]을 열기한다.

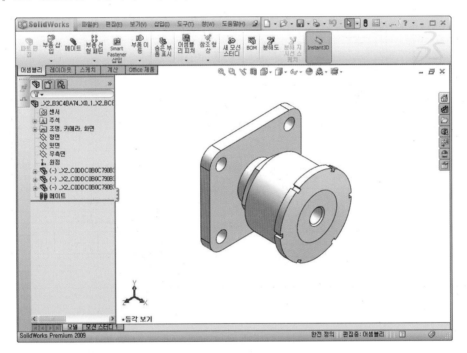

02 기준 뷰 방향을 설정하기 위해 Ctrl 키를 누른 상태에서
❶앞면을 선택하고, ❷윗면을 선택한다.

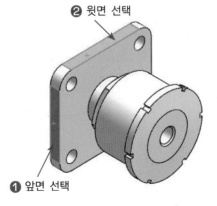

❷ 윗면 선택

❶ 앞면 선택

03 [Ctrl + 8]을 눌러 스케치할 면을 똑바로 놓는다.

04 [보기 – 수정 – 도면방향]에서 [새 뷰(🖉)]를 클릭하여 [기준뷰]로
   입력하고 [확인]을 클릭한다. ☒를 클릭하여 창을 닫는다.

05 추가된 사항에 대하여 부품을 [저장(💾▾)]한다.

06 [파일 ▷ 새 문서]에서 [고급(고급)]의 [생산자동화도면] 템플릿을 선택한 후, [확인(확인)]
   을 클릭한다.

07 [FeatureManager 디자인트리]의 [찾아보기(찾아보기(B)...)]를 클릭하여 열기한 조립도를 선택한다.

08 배율에서는 [사용자 정의 배율 사용]으로 정의하고, [1:1]로 설정한다.

09 모델 뷰 방향을 [기준뷰]로 설정하고, 미리보기를 클릭하여 체크 표시를 한다.

10 도면 시트 안쪽에 [정면도]와 [우측면
   도], [등각뷰]를 배치시킨다.

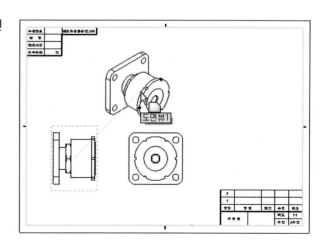

02 분해도면 생성하기

01 조립도의 [등각뷰]를 선택하여 [Ctrl]+[C]를 눌러 복사한다.

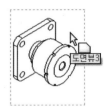

02 시트의 빈 공간에 [Ctrl]+[V]를 눌러 붙여넣기를 하고, 마우스 오른쪽 버튼을 클릭하여 [속성]을 선택한다.

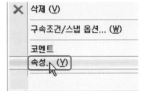

03 속성 대화상자의 [설정 정보]에서 [분해된 상태로 보이기]에 체크 표시를 한다.

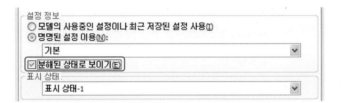

04 [확인(✔)]을 클릭하여 뷰 배치를 마무리한다.

05 분해된 등각뷰를 마우스로 클릭하고, 나타나는 PropertyManager의 표시 유형을 [모서리 표시 음영(▣)]을 선택하여 음영처리로 뷰를 표현한다.

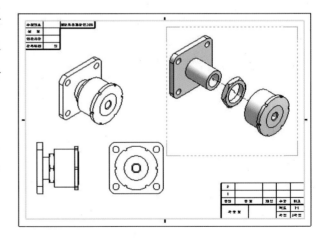

03 부품 번호 기입하기

01 [주석] 탭의 [부품번호(⌀)]를 선택한다.

02 [부품번호 세팅] 부분의 부품 번호 문자를 [텍스트]로 변경하고, 사용자 정의 문자를 [1]로 입력한다.

03 부품을 선택하고 적당한 위치를 지정하면, 부품 번호가 삽입된다.

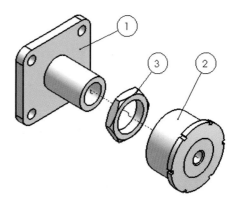

04 같은 방법으로 [사용자 정의 문자]를 2, 3으로 입력하고, 부품을 선택한 후, 적당한 위치를 지정하여 부품 번호를 삽입한다.

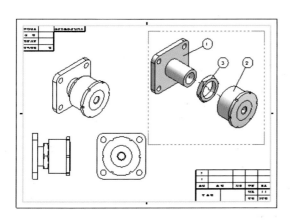

과 제 명	연 습 문 제 1

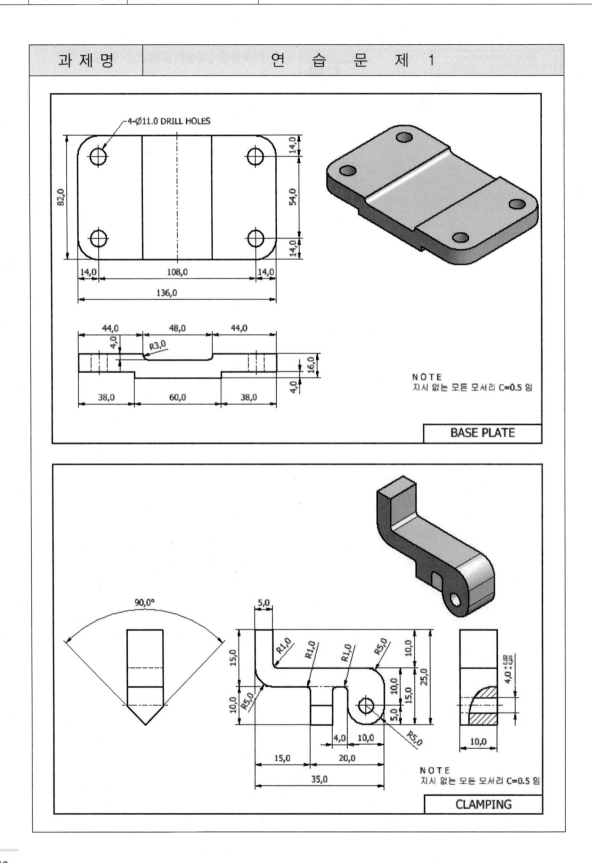

4-Ø11.0 DRILL HOLES

NOTE
지시 없는 모든 모서리 C=0.5 임

BASE PLATE

NOTE
지시 없는 모든 모서리 C=0.5 임

CLAMPING

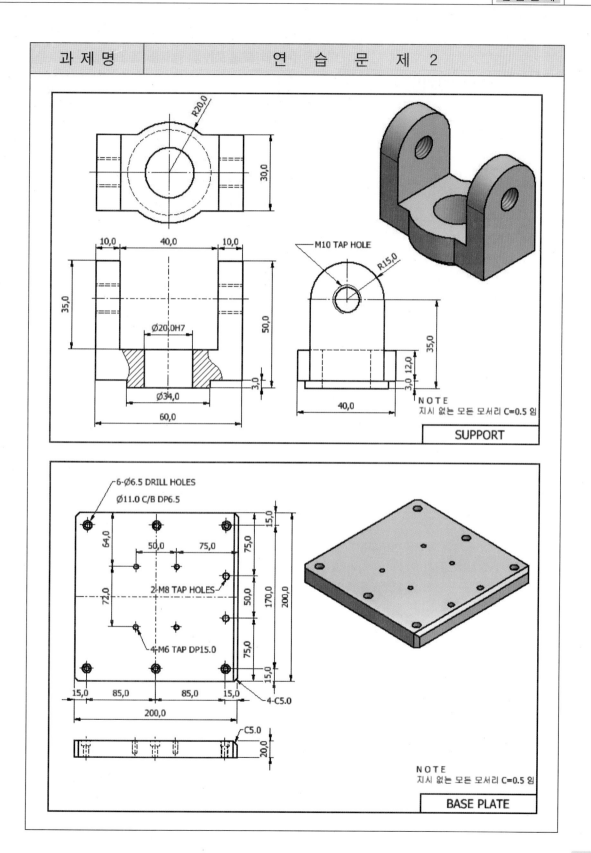

과 제 명   연 습 문 제 2

SUPPORT

M10 TAP HOLE

R20,0

R15,0

Ø20,0H7

Ø34,0

NOTE
지시 없는 모든 모서리 C=0.5 임

BASE PLATE

6-Ø6.5 DRILL HOLES
Ø11.0 C/B DP6.5

2-M8 TAP HOLES

4-M6 TAP DP15.0

4-C5.0

C5.0

NOTE
지시 없는 모든 모서리 C=0.5 임

과 제 명 | 연 습 문 제 3

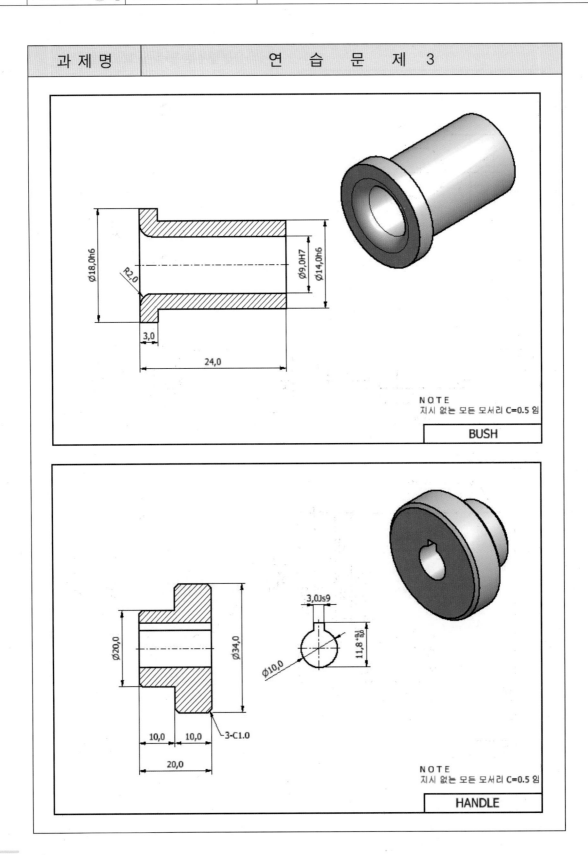

Ø18,0h6
R2,0
Ø9,0H7
Ø14,0h6
3,0
24,0

NOTE
지시 없는 모든 모서리 C=0.5 임

BUSH

Ø20,0
Ø34,0
3,0Js9
11,8 +0,1/0
Ø10,0
10,0
10,0
3-C1.0
20,0

NOTE
지시 없는 모든 모서리 C=0.5 임

HANDLE

과 제 명	연 습 문 제 4

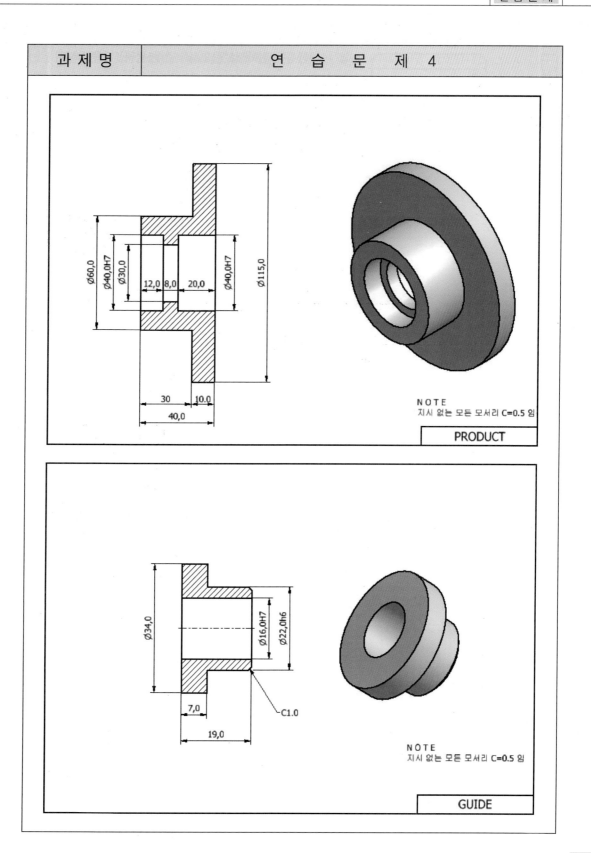

NOTE
지시 없는 모든 모서리 C=0.5 임

PRODUCT

NOTE
지시 없는 모든 모서리 C=0.5 임

GUIDE

243

과 제 명	연 습 문 제 5

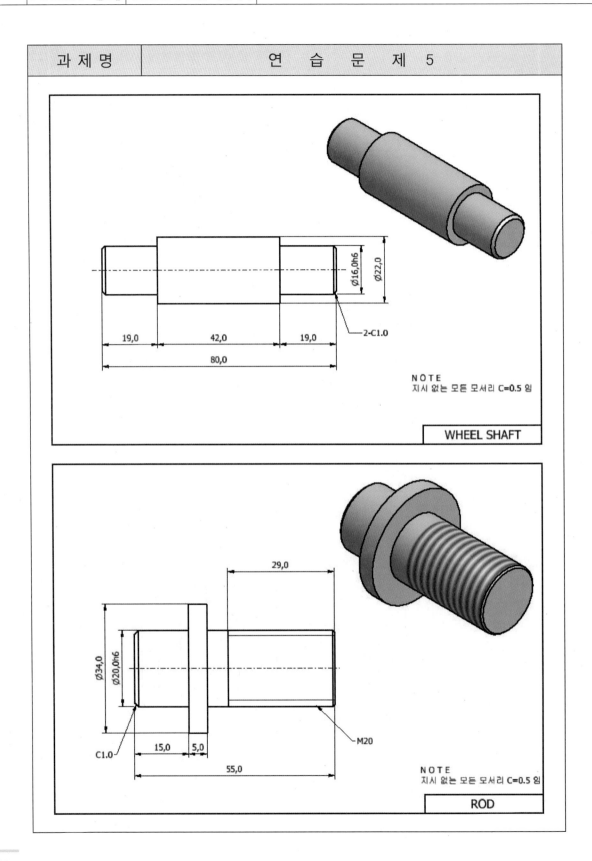

Ø16,0h6
Ø22,0

19,0　　42,0　　19,0

2-C1.0

80,0

NOTE
지시 없는 모든 모서리 C=0.5 임

WHEEL SHAFT

29,0

Ø34,0
Ø20,0h6

15,0　5,0

C1.0

M20

55,0

NOTE
지시 없는 모든 모서리 C=0.5 임

ROD

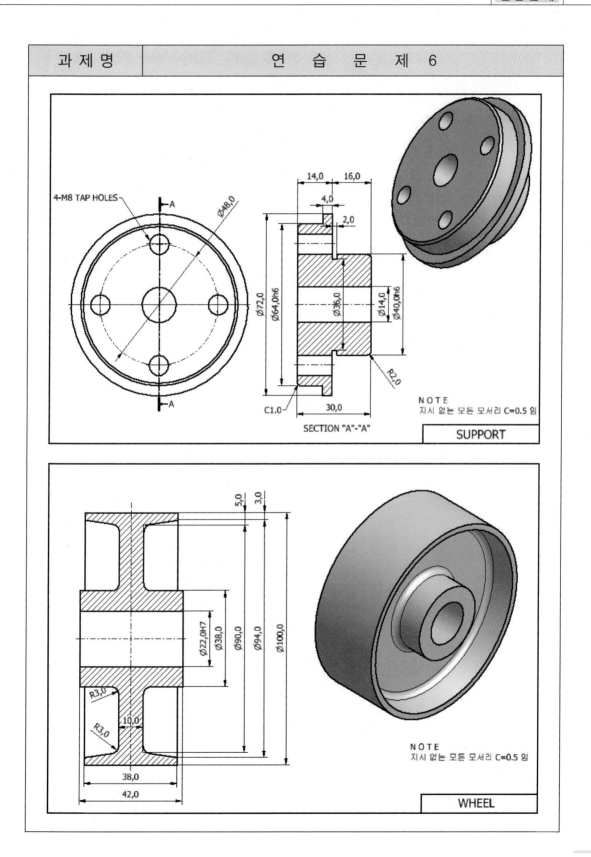

| 과 제 명 | 연 습 문 제 6 |

4-M8 TAP HOLES

Ø48,0

A—A

Ø72,0
Ø64,0h6

14,0   16,0
4,0
2,0

Ø36,0
Ø14,0
Ø40,0h6

R2,0

C1,0   30,0

SECTION "A"-"A"

NOTE
지시 없는 모든 모서리 C=0.5 임

SUPPORT

5,0   3,0

Ø22,0H7
Ø38,0
Ø90,0
Ø94,0
Ø100,0

R3,0
R3,0
10,0

38,0
42,0

NOTE
지시 없는 모든 모서리 C=0.5 임

WHEEL

245

과 제 명 | 연 습 문 제 7

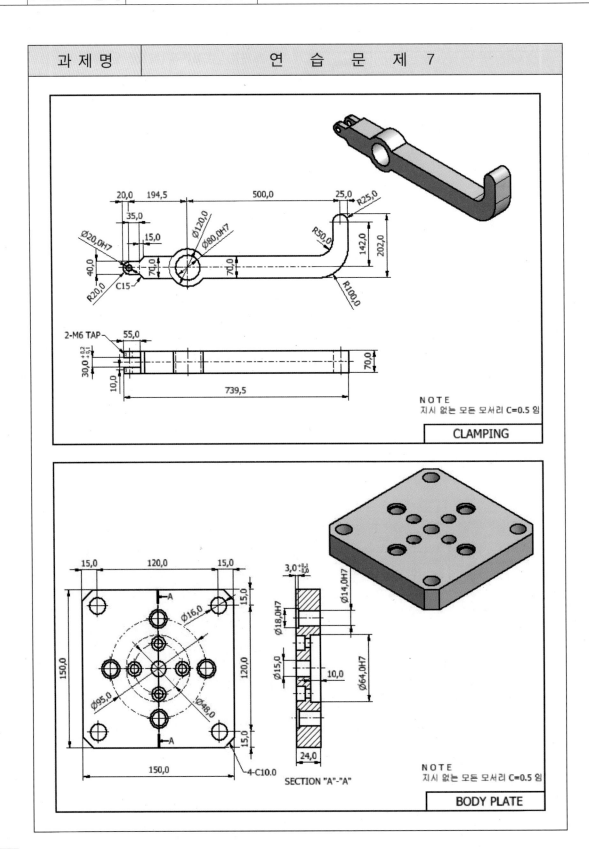

20,0　194,5　500,0　25,0　R25,0
35,0
Ø120,0
Ø80,0H7
15,0
R50,0
Ø20,0H7
40,0
70,0　70,0　142,0　202,0
R20,0　C15
R100,0

2-M6 TAP　55,0
30,0 +0,2 +0,1
10,0
739,5
70,0

NOTE
지시 없는 모든 모서리 C=0.5 임

CLAMPING

15,0　120,0　15,0
A
15,0
Ø16,0
150,0　120,0
Ø95,0　Ø48,0
15,0
150,0
4-C10.0
A
SECTION "A"-"A"

3,0 +0,1 0
Ø14,0H7
Ø18,0H7
Ø15,0
10,0
Ø64,0H7
24,0

NOTE
지시 없는 모든 모서리 C=0.5 임

BODY PLATE

과 제 명	연 습 문 제 8

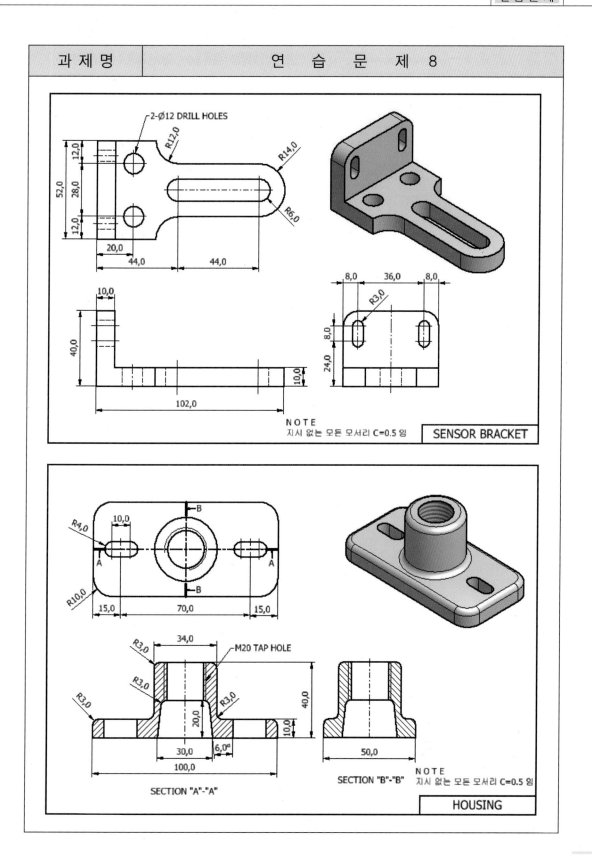

2-Ø12 DRILL HOLES

R12,0

R14,0

R6,0

52,0

12,0

28,0

12,0

20,0

44,0

44,0

10,0

40,0

102,0

10,0

8,0

36,0

8,0

R3,0

8,0

24,0

NOTE
지시 없는 모든 모서리 C=0.5 임

SENSOR BRACKET

R4,0

10,0

R10,0

15,0

70,0

15,0

R3,0

34,0

M20 TAP HOLE

R3,0

R3,0

R3,0

40,0

20,0

10,0

30,0

6,0º

100,0

50,0

SECTION "A"-"A"

SECTION "B"-"B"

NOTE
지시 없는 모든 모서리 C=0.5 임

HOUSING

247

과 제 명   연 습 문 제 9

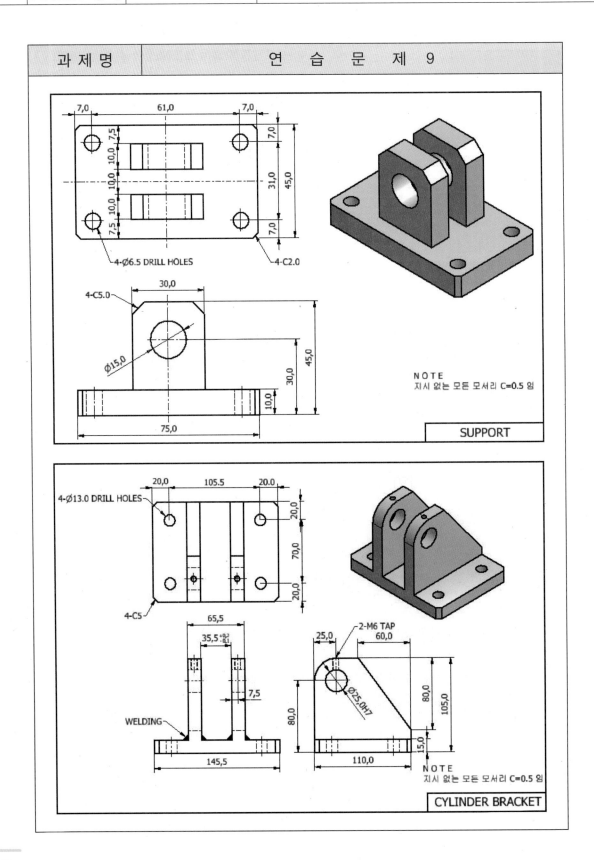

4-Ø6.5 DRILL HOLES

4-C2.0

4-C5.0

Ø15.0

NOTE
지시 없는 모든 모서리 C=0.5 임

SUPPORT

4-Ø13.0 DRILL HOLES

4-C5

WELDING

2-M6 TAP

Ø25.0H7

NOTE
지시 없는 모든 모서리 C=0.5 임

CYLINDER BRACKET

과 제 명	연 습 문 제 10

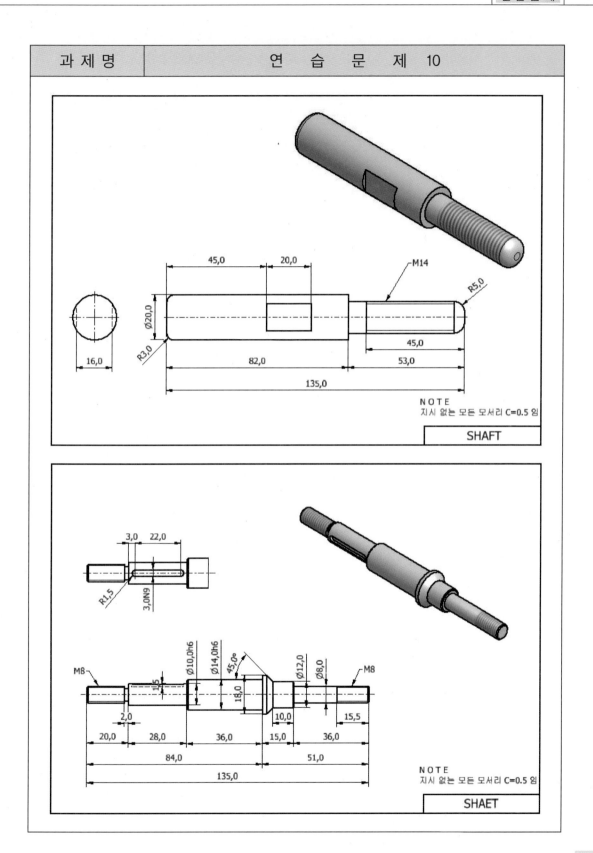

45,0　**20,0**

M14

R5,0

Ø20,0

R3,0

16,0

82,0

45,0

53,0

135,0

NOTE
지시 없는 모든 모서리 C=0.5 임

SHAFT

3,0　22,0

R1,5

3,0N9

M8

Ø10,0h6

Ø14,0h6

45,0°

18,0

Ø12,0

Ø8,0

M8

1.5

2,0

10,0

15,5

20,0　28,0　36,0　15,0　36,0

84,0　51,0

135,0

NOTE
지시 없는 모든 모서리 C=0.5 임

SHAET

과 제 명	연 습 문 제 11

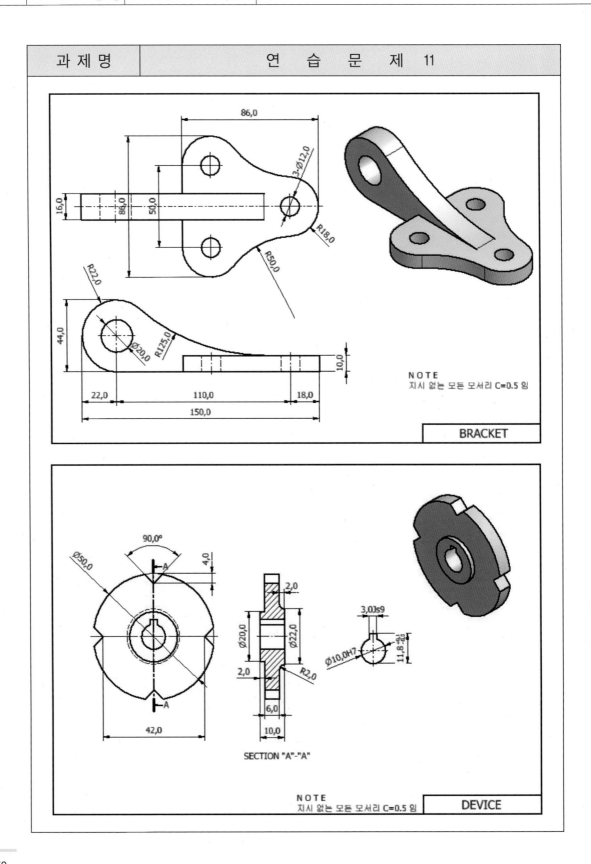

3-Ø12,0

86,0

16,0

86,0

50,0

R18,0

R50,0

R22,0

44,0

Ø20,0

R125,0

22,0 110,0 18,0

150,0

10,0

N O T E
지시 없는 모든 모서리 C=0.5 임

BRACKET

90,0°

4,0

Ø50,0

2,0

Ø20,0

Ø22,0

2,0

R2,0

3,0Js9

Ø10,0H7

11,8

42,0

6,0

10,0

SECTION "A"-"A"

N O T E
지시 없는 모든 모서리 C=0.5 임

DEVICE

과 제 명	연 습 문 제 12

3-Ø4.5 DRILL HOLES
Ø8.0 C/B DP4.5

R26.0

R20.0

A

26.0

A

2-C5.0

14.0 8.0

3-C1.0

Ø25.0
Ø20.0

30.0°

17.0 5.0

22.0

SECTION "A"-"A"

NOTE
지시 없는 모든 모서리 C=0.5 임

HALF COVER

M6 TAP HOLE

2-Ø6.5 DRILL HOLES
Ø11.0 C/B DP6.5

2-C3.0

WELDING

7.5
15.0
25.0
35.0

50.0 10.0

Ø20.0H7   R20.0

110.0

90.0

12.0
RIB

WELDING

12.0

70.0

60.0

NOTE
지시 없는 모든 모서리 C=0.5 임

SUPPORT

251

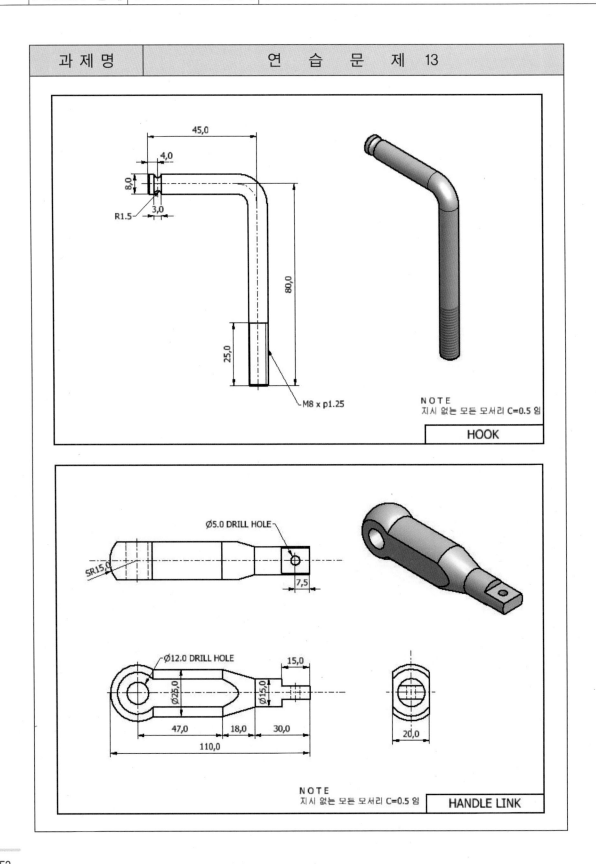

과 제 명 | 연 습 문 제 13

45,0

4,0

8,0

R1.5 3,0

80,0

25,0

M8 x p1.25

NOTE
지시 없는 모든 모서리 C=0.5 임

HOOK

Ø5.0 DRILL HOLE

SR15,0

7,5

Ø12.0 DRILL HOLE

Ø25,0

15,0

Ø15,0

47,0 | 18,0 | 30,0

110,0

20,0

NOTE
지시 없는 모든 모서리 C=0.5 임

HANDLE LINK

과 제 명	연 습 문 제 14

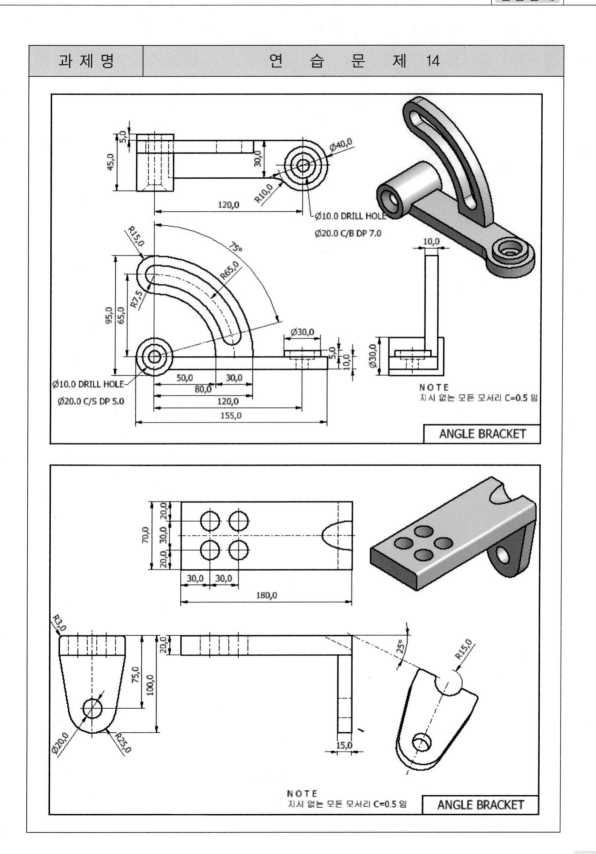

Ø40,0

Ø10.0 DRILL HOLE
Ø20.0 C/B DP 7.0

R15,0

75°

R65,0

R7,5

Ø30,0

Ø10.0 DRILL HOLE
Ø20.0 C/S DP 5.0

NOTE
지시 없는 모든 모서리 C=0.5 임

ANGLE BRACKET

25°

R15,0

Ø20,0

R25,0

R3,0

NOTE
지시 없는 모든 모서리 C=0.5 임

ANGLE BRACKET

| 과 제 명 | 연 습 문 제 15 |

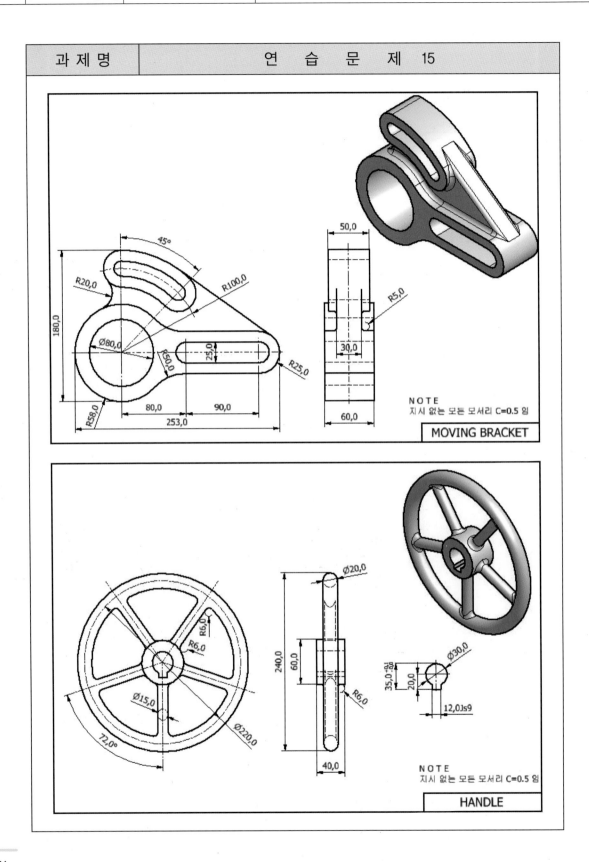

NOTE
지시 없는 모든 모서리 C=0.5 임

MOVING BRACKET

NOTE
지시 없는 모든 모서리 C=0.5 임

HANDLE

과 제 명	연 습 문 제 16

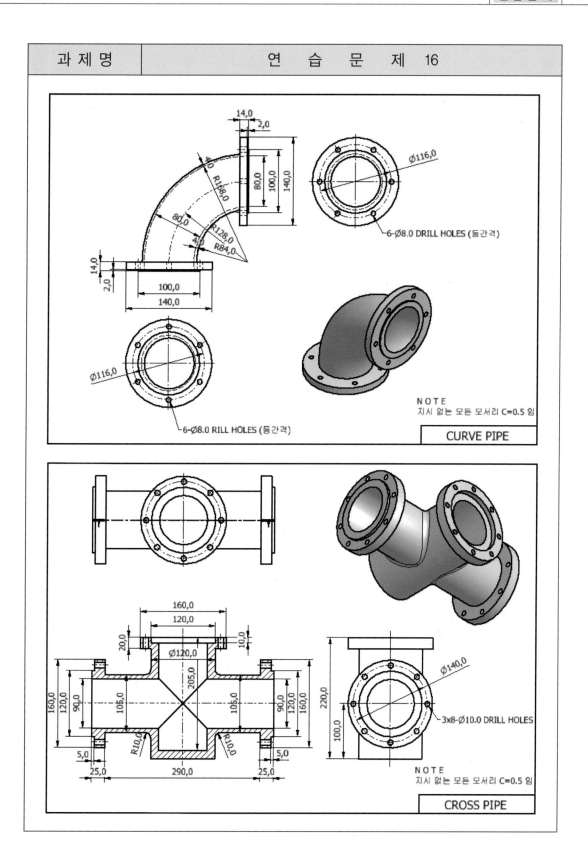

6-Ø8.0 DRILL HOLES (등간격)

Ø116,0

6-Ø8.0 RILL HOLES (등간격)

Ø116,0

N O T E
지시 없는 모든 모서리 C=0.5 임

CURVE PIPE

Ø120,0

Ø140,0

3x8-Ø10.0 DRILL HOLES

N O T E
지시 없는 모든 모서리 C=0.5 임

CROSS PIPE

255

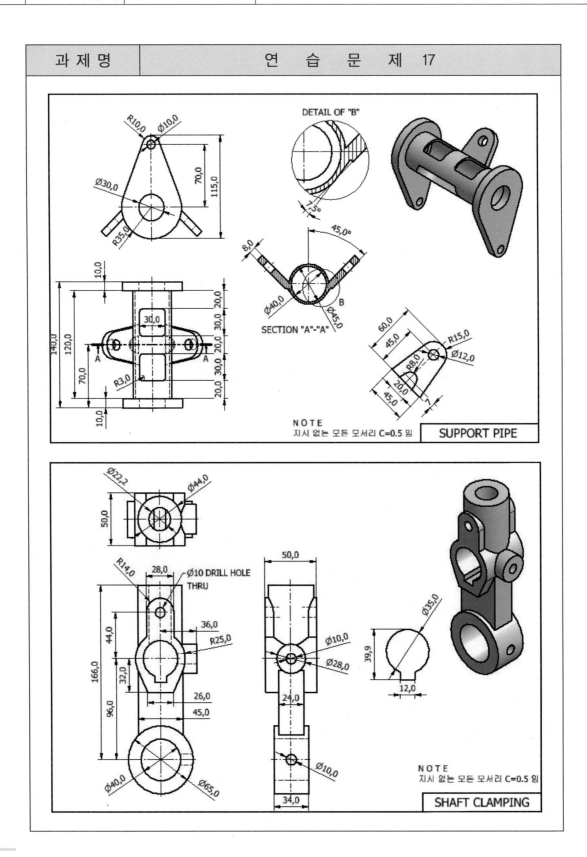

DETAIL OF "B"

SECTION "A"-"A"

NOTE
지시 없는 모든 모서리 C=0.5 임

SUPPORT PIPE

Ø10 DRILL HOLE
THRU

NOTE
지시 없는 모든 모서리 C=0.5 임

SHAFT CLAMPING

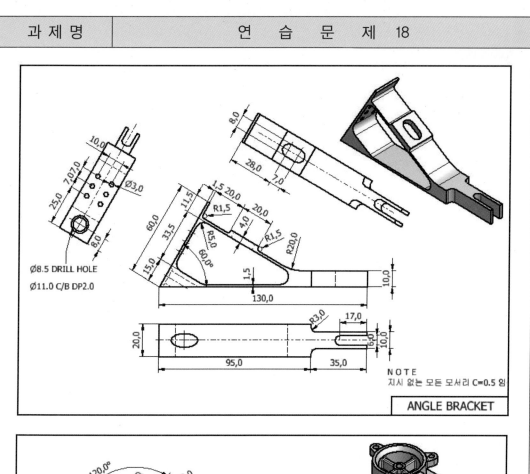

Ø8.5 DRILL HOLE
Ø11.0 C/B DP2.0

NOTE
지시 없는 모든 모서리 C=0.5 임

ANGLE BRACKET

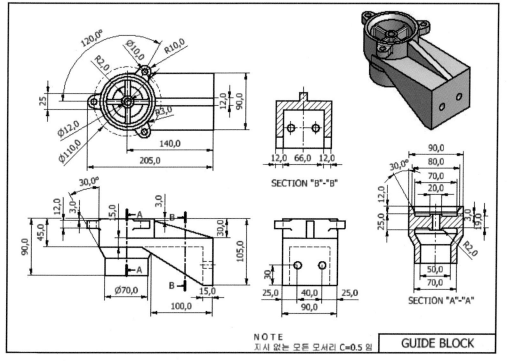

SECTION "B"-"B"

SECTION "A"-"A"

NOTE
지시 없는 모든 모서리 C=0.5 임

GUIDE BLOCK

257

Memo

기출문제
실습하기

국 가 기 술 자 격 검 정 실 기 시 험 문 제

자격종목	생산자동화기능사	작품명	CAD 작업	형별	A

비번호 :

* 시험시간 : 표준시간 : 2시간, 연장시간 : 20분

1. 요구사항

주어진 도면을 CAD S/W를 이용하여 3차원 모델링 및 2차원 도면작업을 아래 요구사항 및
수험자 유의사항을 준수하여 지급된 저장매체에 저장한 후 수험자 본인이 직접 출력하여
제출한다.

1) 투상법 3각법, 척도 1:1, 용지크기 A3(420×297)
2) 주어진 도면과 같이 3차원 모델링 및 2차원 도면작업을 하시오.
   (단, 주어진 도면 중 잘못된 부분이 있을 경우는 수정 보완하여야 한다.)
3) 주어진 도면과 같이 표제란 및 주서를 작성하시오.
4) 출력은 A3용지에 1:1로 하시오.(도면 출력 결과 예 참조)
5) 기타 지시되지 않는 사항은 KS 제도법에 따라 완성하시오.

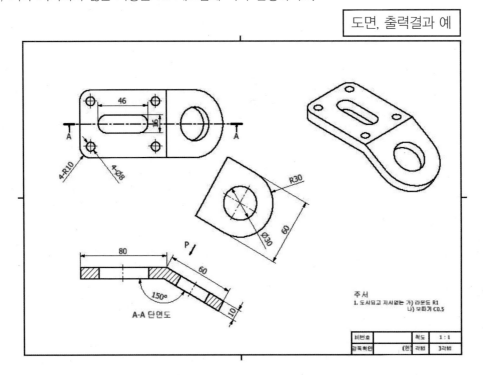

도면, 출력결과 예

SolidWorks | 생산자동화기능사

자격종목	생산자동화기능사	작품명	CAD 작업	형별	A

2. 수험자 유의사항

1) 미리 작성된 Part Program 또는 Block은 일체 사용을 금한다.

2) 시험 중 봉인을 훼손하거나 디스켓을 주고받는 행위는 부정행위로 처리한다.

3) 시험 종료 후 하드디스크에서 작업내용을 삭제해야 한다.

4) 출력물을 확인하여 동일 작품이 발견될 경우 모두 부정행위로 처리한다.

5) 만일의 기계 고장으로 인한 자료손실을 방지하기 위하여 20분에 1회씩 저장(Save)한다.

6) 도면의 한계(Limits)와 선굵기 및 문자의 크기를 구분하기 위한 색상은 다음과 같이 정한다.

　　가) 도면의 한계(Limits) A와 B의 한계선(Limits Line)은 출력되지 않도록 한다.

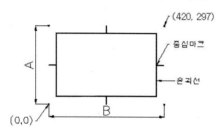

	도면의 한계		중심마크
	A	B	C
	297	420	5

　　나) 선(Line) 굵기 구분을 위한 색상(Color)

선의 굵기	문자 크기	색 상(color)	용　　도
0.7mm	7.0mm	하늘색(Cyan)	윤곽선
0.5mm	5.0mm	초록색(Green)	외형선, 개별주서, 2D 도면
0.35mm	3.5mm	노랑색(Yellow)	숨은선, 치수문자, 일반주서 등
0.25mm	2.5mm	흰색(White), 빨강(Red)	해칭, 치수선, 치수보조선, 중심선, 3D 도면

7) 장비조작 미숙으로 파손 및 고장을 일으킬 염려가 있거나 출력시간이 **30분**을 초과할 경우 감독위원 합의하에 실격처리할 수 있다.

8) 표준시간 내에 작품을 제출하여야 감점이 없으며, 연장시간 사용시 허용 연장시간 범위 내에서 **매 10분마다 5점씩 감점**한다.

9) 수험시간에 **휴대폰, 인터넷 및 네트워크 환경 이용은 부정행위**로 처리한다.

자격종목	생산자동화기능사	작품명	CAD 작업	형별	A

10) 표제란 양식은 아래와 같이 작성한다.

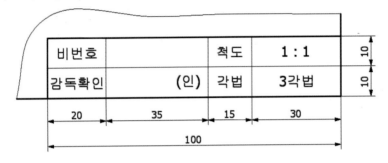

11) 답안지에 낙서나 기호 등 불필요한 표시가 있을 때는 부정행위로 간주하고 채점대상에서 제외한다.

12) 다음 사항에 해당하는 작품은 미완성 또는 오작, 실격이므로 채점하지 않는다.

⊙ 미완성
　가. 주어진 문제 내용 중 어느 한 부품(투상도)이라도 미완성한 작품
　나. 시험시간(표준시간+연장시간)을 초과한 작품

⊙ 오작
　가. 주어진 문제의 도면과 상이한 작품
　나. 주어진 문제의 요구사항을 준수하지 않은 작품
　다. 수험자가 설계한 치수로 제품을 제작할 수 없는 작품
　라. 3차원 모델링 형상을 작성하지 않아 채점위원 만장일치로 합의하여 채점대상에서 제외된 작품

⊙ 실격
　가. 생산자동화기능사 실기시험 전 종목에 응시하지 않는 경우
　나. 생산자동화기능사 실기 종목 중 ① PLC 작업 ② CAD 작업 중 하나라도 0점인 작업이 있는 경우

▣ 브라켓 부품 작성하기

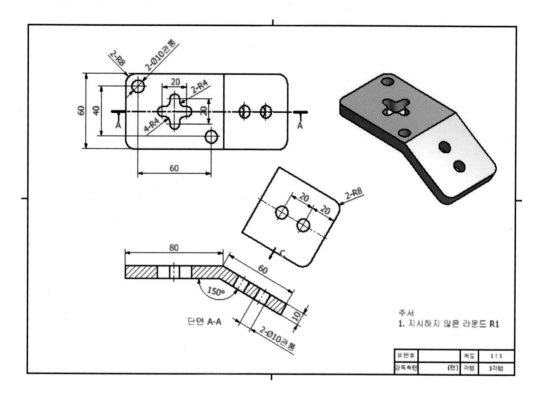

실습하기

01 SolidWorks 창 상단에 있는 [새 문서(□)]를 클릭하여 [파트]를 선택하고, [확인(확인)] 버튼을 클릭한다.

02 [FeatureManager 디자인트리]에서 정면을 선택하고, 나타나는 팝업 메뉴에서 [스케치]를 클릭한다.

03 스케치 도구모음에서 [선(\)]을 이용하여, 선을 그린 후, [지능형 치수(지능형 치수)]를 이용하여 치수를 기입한다.

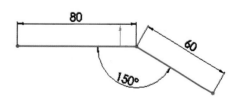

04 [돌출 보스/베이스(돌출보스/베이스)]를 클릭한
후, 다음과 같은 옵션을 설정하고,
[확인(✓)]을 클릭한다.

- 방향1 = [블라인드 형태]
- 깊이 = [60mm]
- 얇은 피처 = [한 방향으로]
- 두께 = [10mm]

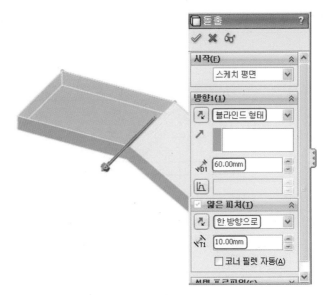

05 [필렛(필렛)]을 선택하고, 대화상자에서 다음과
같은 옵션을 설정한다.

- 필렛 유형 = [부동 반경]
- 필렛 반경(⟋) = [8mm]
- 전체 미리보기에 체크

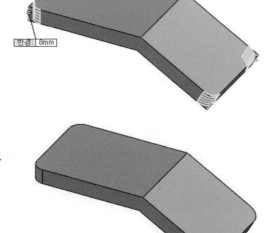

06 필렛이 적용될 네 개의 모서리를 선택하여 지
정한다. [확인(✓)]을 클릭하여 필렛을 완성한다.

07 형상의 윗면을 [스케치(✐)]로 선택하고, [원(⊘▾)]을
작성한다.
[지능형 치수(지능형치수)]로 치수를 입력하고, [스케치 종료]
를 선택한다.

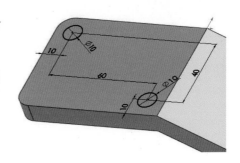

08 [돌출 컷(돌출컷)]을 클릭하여 나타나는 대화상자에서 [방향1 = [관통]]으로 설정한다.

09 [확인(✔)]을 클릭하여 돌출 컷 구멍을 완성시킨다.

10 형상의 윗면을 [스케치()]로 선택하고, [선(\)]을 작성한다.
[지능형 치수(지능형 치수)]로 치수를 입력하고, [스케치 종료]를 선택한다.

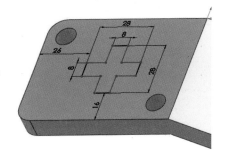

11 [돌출 컷(돌출컷)]을 클릭하여 나타나는 대화상자에서 [방향1 = [관통]]으로 설정한다.

12 [확인(✔)]을 클릭하여 돌출 컷 구멍을 완성시킨다.

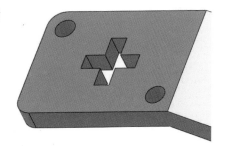

13 형상의 측면을 [스케치()]로 선택하고, [원(⊙ ▾)]을 작성한다.
[지능형 치수(지능형 치수)]로 치수를 입력하고, [스케치 종료]를 선택한다.

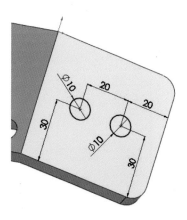

14 [돌출 컷(돌출 컷)]을 클릭하여 나타나는 대화상자에서 [방향1 = [관통]]으로 설정한다.

15 [확인(✓)]을 클릭하여 돌출 컷 구명을 완성시킨다.

16 [필렛(필렛)]을 선택하고, 대화상자에서 다음과 같은 옵션을 설정한 다음, 필렛이 적용될 모서리를 선택한다.

• 필렛 반경(⌒) = 4mm

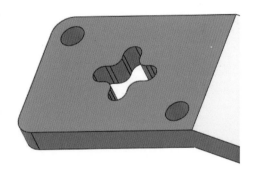

17 [확인(✓)]을 클릭하여 필렛을 완성한다.

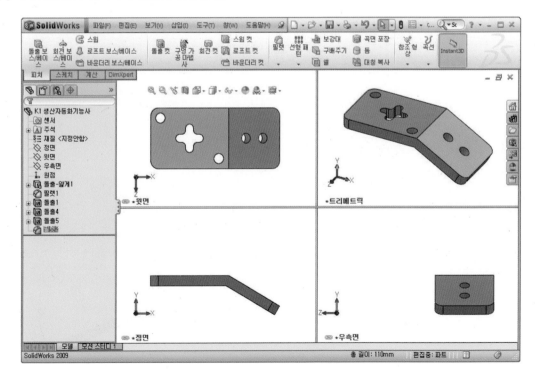

18 기준 뷰 방향을 설정하기 위해 [Ctrl] 키를 누른 상태에서
   ❶앞면을 선택하고, ❷윗면을 선택한다.

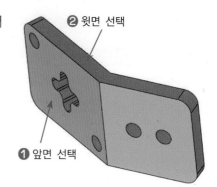

❷ 윗면 선택

❶ 앞면 선택

19 [Ctrl+8]을 눌러 스케치할 면을 똑바로 놓는다.

20 [보기 – 수정 – 도면방향]을 클릭한다.

21 [새 뷰(✎)]를 클릭하여 나타나는 명명도의 뷰 이름에 [기준뷰]
   로 입력하고 [확인]을 클릭한다.

22 방향 새로 작성한 "기준뷰"가 등록되었다.
   이 기준뷰는 도면 작업시 최초로 생성하는 뷰의 기준 방향이 된다.
   ☒를 클릭하여 창을 닫는다.

23 추가된 사항에 대하여 부품을 브라켓 이름으로 [저장(🖫 ▾)]을 한다.

◾ 브라켓 부품 도면 작성하기 1

01 표준도구모음에서 [새 문서(🗋 ▾)] 아이콘을 클릭하거나, 메뉴바에서 [파일 ▷ 새 문서]를 클릭
   한다.

02 SolidWorks 새 문서 대화상자가 나타나면, [도면]을 선택하고 [확인(확인)] 버튼을 클릭한다.

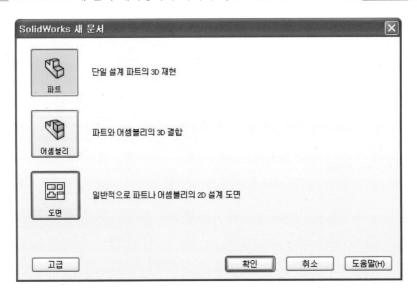

03 나타나는 시트 형식/크기 창에서 [사용자 정의 시트 크기]를 클릭한 후, A3용지 크기인 [가로 : 420 – 세로 : 297]을 입력하고, [확인(확인)]을 클릭한다.

04 [FeatureManager 디자인트리]의 모델뷰는 [취소(✖)]를 클릭하여 창을 닫는다.

05 작업시트의 빈 공간에서 마우스 오른쪽 버튼을 클릭하여 [속성]을 클릭한다.

06 시트 속성 창에서 [투상법 유
형]을 [3각법]으로 바꾸고, 배
율은 실척으로 작업하기 위해
[1:1]로 설정한다.

07 확인(확인)을 클릭한다.

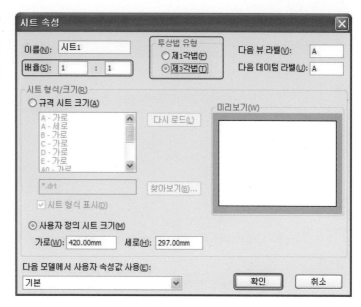

08 [도구-옵션(📰)]에서 설정한 사항은 도면환경의 규칙에 맞게 세팅하여 작업을 한다.

▶ 도면 템플릿 작성요령 참조

09 도면 테두리 및 중심선을 작성하기 위해 [도구-애드인
(Add in)]을 실행하고, [SolidWorks 2D Emulator]를 클릭
하여 체크한다.

10 [확인(확인)을 클릭하여, 창을 닫는다.

11 작업 시트 위에서 마우스 오른쪽 버튼을 클릭하여 나타나는 메뉴에서 [시트형식 편집]을 클릭한다.

12 화면 하단의 Command 창에 AutoCAD와 같이 입력을 한다.

```
Command: rec
Chamfer/Fillet/<First corner>: 10,10
Other corner: 410,287
```

13 도면의 윤곽선(테두리)이 작성되었다.

14 [보기 – 2D Command Emulator]를 클릭하여 체크표시를 해제한다.

15 마우스로 윤곽선(테두리)을 모두 드래그(Drag)한 후 선택하고, [구속조건 부가]에서 [고정]을 선택한다.

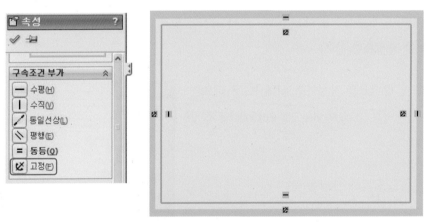

16 스케치 도구 [선(＼)]을 이용하여 4군데 윤곽선 중간에 선을 그리고, [지능형 치수(지능형 치수)]로 길이 5를 입력한 후, Enter 를 누른다.

17 스케치 메뉴에서 [코너사각형(▢)]과 [선(＼)], [지능형 치수(지능형 치수)]를 이용하여 도면의 우측 하단에 표제란을 작성한다.

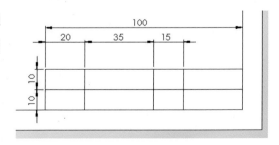

18 [보기 – 치수 숨기기/표시]를 실행하여 치수들을 화면상에서 보이지 않게 숨긴다.

19 [주석] 탭에서 [노트()]를 선택하여 글자가 삽입될 공간을 클릭한다. [서식] 도구가 활성화되며 사각형 영역 안에 글자를 입력한다.

비번호		척도	1 : 1
감독확인		각법	3각법

20 정렬시킬 노트(글자)와 함께 노트를 감싸고 있는 테두리(표제란)도 모두 마우스로 드래그하여 선택한 후, [맞춤] 도구모음의 [선 사이 맞춤(☲)]을 클릭하여 선 중앙에 글자를 정렬시킨다.

▣ 브라켓 부품 도면 작성하기 2

01 [뷰 레이아웃] 탭에서 [모델 뷰(모델뷰)]를 클릭하여 실행한다.

02 모델 뷰의 찾아보기에서 [브라켓]을 선택하고, [열기(열기(O))]를 클릭한다.

03 모델 뷰 방향을 [기준뷰]로 설정하고, 미리보기를 클릭하여 체크 표시를 한다.

04 배율에서는 [사용자 정의 배율 사용]으로 정의하고, [1:1]로 설정한다.

05 도면 시트 안쪽 적당한 곳에 [평면도]를 배치하고, [확인(✓)]을 클릭하여 뷰 배치를 마무리한다.

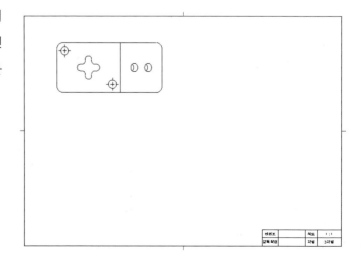

06 [단면도(단면도)]를 실행하여 [평면도]를 마우스로 클릭
   하고, [스케치] 탭에서 [선(＼)]으로 그림처럼 수직선을
   그린다.

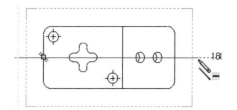

07 나타나는 단면도 창의 [절단선]
   반대방향을 클릭하여 방향을
   바꾼 후, 단면도의 위치를 아
   래로 지정하여 클릭한다.

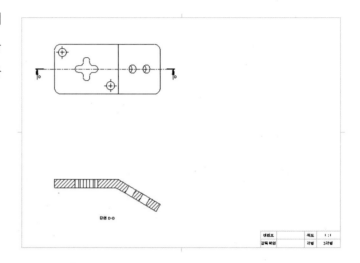

08 [보조투상도(보조투 상도)]를 실행하고, 그림과 같이 뷰를 전개할 기준
   모서리를 선택한다.

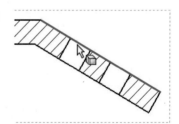

09 뷰가 배치될 위치를 지정한다.

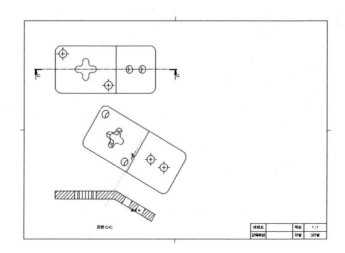

10 방금 생성한 [보조투상도]를 마우스로 지정하고, [스케치] 탭에서 [세 점 코너 사각형(◇·)]을 클릭하여 실행한다.

11 ❶, ❷, ❸의 세 점을 차례로 클릭하여 사각형을 작성한다.

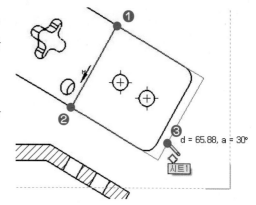

d = 65.88, a = 30°

12 [뷰 레이아웃] 탭에서 [부분도(부분도)]를 클릭하여 뷰의 일부분 단면을 보기한다.

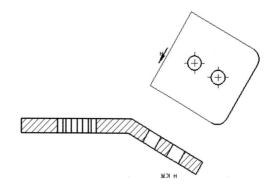

보기 H

13 [뷰 레이아웃] 탭에서 [모델 뷰(모델뷰)]를 실행하고, 찾아보기에서 [브라켓]을 선택하고, [열기(열기(O))]를 클릭한다.

14 모델 뷰의 방향을 [등각보기(◈)]로 설정하고, 도면 시트에 배치하고, [확인(✔)]을 클릭하여 뷰 배치를 마무리한다.

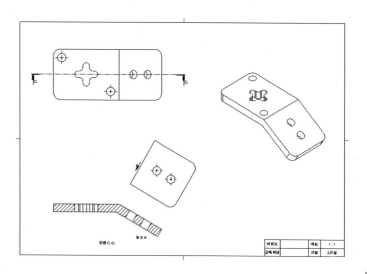

273

15 [주석] 탭의 [중심선]을 활용하여, 도면 내에 중심선을 생성한다.

16 [지능형 치수(📐)]를 이용하여 스케치에서와 같은 방법으로 치수를 기입하여 도면을 완성시킨다.

17 [주석] 탭에서 [노트(A)]를 이용하여 주서란에 글자를 삽입한다.

18 생산자동화기능사 도면이 완성되었다.

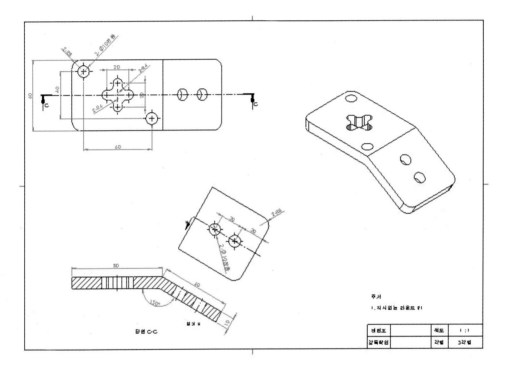

국 가 기 술 자 격 검 정 실 기 시 험 문 제

자격종목	생산자동화기능사	작품명	CAD 작업	형별	B

비번호 :

* 시험시간 : 표준시간 : 2시간, 연장시간 : 20분

1. 요구사항

주어진 도면을 CAD S/W를 이용하여 3차원 모델링 및 2차원 도면작업을 아래 요구사항 및 수험자 유의사항을 준수하여 지급된 저장매체에 저장한 후 수험자 본인이 직접 출력하여 제출한다.

1) 투상법 3각법, 척도 1:1, 용지크기 A3(420×297)
2) 주어진 도면과 같이 3차원 모델링 및 2차원 도면작업을 하시오.
   (단, 주어진 도면 중 잘못된 부분이 있을 경우는 수정 보완하여야 한다.)
3) 주어진 도면과 같이 표제란 및 주서를 작성하시오.
4) 출력은 A3용지에 1:1로 하시오.(도면 출력 결과 예 참조)
5) 기타 지시되지 않는 사항은 KS 제도법에 따라 완성하시오.

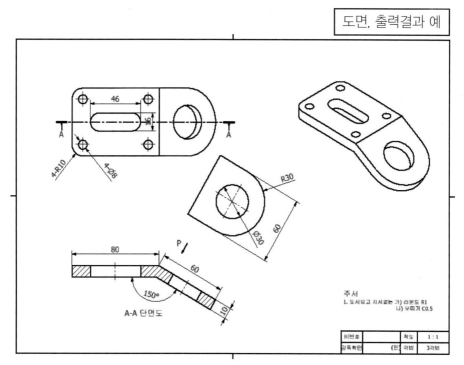

도면, 출력결과 예

275

자격종목	생산자동화기능사	작품명	CAD 작업	형별	B

2. 수험자 유의사항

1) 미리 작성된 Part Program 또는 Block은 일체 사용을 금한다.

2) 시험 중 봉인을 훼손하거나 디스켓을 주고받는 행위는 부정행위로 처리한다.

3) 시험 종료 후 하드디스크에서 작업내용을 삭제해야 한다.

4) 출력물을 확인하여 동일 작품이 발견될 경우 모두 부정행위로 처리한다.

5) 만일의 기계 고장으로 인한 자료손실을 방지하기 위하여 20분에 1회씩 저장(Save)한다.

6) 도면의 한계(Limits)와 선굵기 및 문자의 크기를 구분하기 위한 색상은 다음과 같이 정한다.

　가) 도면의 한계(Limits) A와 B의 한계선(Limits Line)은 출력되지 않도록 한다.

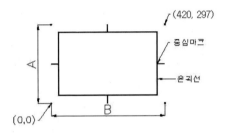

도면의 한계		중심마크
A	B	C
297	420	5

　나) 선(Line) 굵기 구분을 위한 색상(Color)

선의 굵기	문자 크기	색 상(color)	용 도
0.7mm	7.0mm	하늘색(Cyan)	윤곽선
0.5mm	5.0mm	초록색(Green)	외형선, 개별주서, 2D 도면
0.35mm	3.5mm	노랑색(Yellow)	숨은선, 치수문자, 일반주서 등
0.25mm	2.5mm	흰색(White), 빨강(Red)	해칭, 치수선, 치수보조선, 중심선, 3D 도면

7) 장비조작 미숙으로 파손 및 고장을 일으킬 염려가 있거나 출력시간이 **30분**을 초과할 경우 감독위원 합의하에 실격처리할 수 있다.

8) 표준시간 내에 작품을 제출하여야 감점이 없으며, 연장시간 사용시 허용 연장시간 범위 내에서 **매 10분마다 5점씩 감점**한다.

9) 수험시간에 **휴대폰, 인터넷 및 네트워크 환경 이용은 부정행위**로 처리한다.

자격종목	생산자동화기능사	작품명	CAD 작업	형별	B

10) 표제란 양식은 아래와 같이 작성한다.

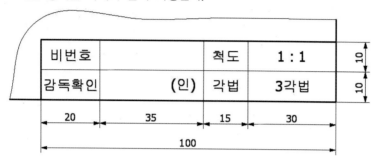

11) 답안지에 낙서나 기호 등 불필요한 표시가 있을 때는 부정행위로 간주하고 채점대상에서 제외한다.

12) 다음 사항에 해당하는 작품은 미완성 또는 오작, 실격이므로 채점하지 않는다.

⊙ 미완성

　가. 주어진 문제 내용 중 어느 한 부품(투상도)이라도 미완성한 작품

　나. 시험시간(표준시간+연장시간)을 초과한 작품

⊙ 오작

　가. 주어진 문제의 도면과 상이한 작품

　나. 주어진 문제의 요구사항을 준수하지 않은 작품

　다. 수험자가 설계한 치수로 제품을 제작할 수 없는 작품

　라. 3차원 모델링 형상을 작성하지 않아 채점위원 만장일치로 합의하여 채점대상에서 제외된 작품

⊙ 실격

　가. 생산자동화기능사 실기시험 전 종목에 응시하지 않는 경우

　나. 생산자동화기능사 실기 종목 중 ① PLC 작업 ② CAD 작업 중 하나라도 0점인 작업이 있는 경우

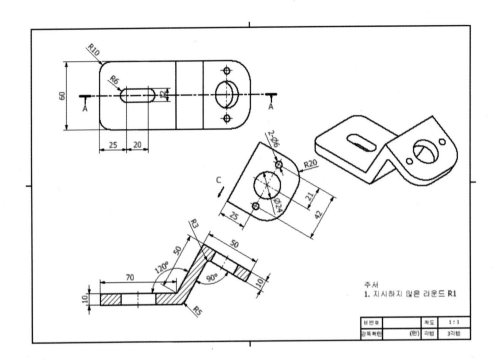

주서
1. 지시하지 않은 라운드 R1

비번호		척도	1:1
감독확인	(인)	각법	3각법

실습하기

01 SolidWorks 창 상단에 있는 [새 문서(🗋)]를 클릭하여 [파트]를 선택하고, [확인(　확인　)] 버튼을 클릭한다.

02 [FeatureManager 디자인트리]에서 정면을 선택하고, 나타나는 팝업 메뉴에서 [스케치]를 클릭한다.

03 스케치 도구모음에서 [선(\)]을 이용하여, 선을 그린 후, [지능형 치수(지능형치수)]를 이용하여 치수를 기입한다.

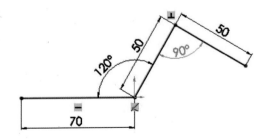

04 [돌출 보스/베이스()]를 클릭한 후, 다음과 같은 옵션을 설정하고, [확인(✔)]을 클릭한다.

- 방향1 = [블라인드 형태]
- 깊이 = [60mm]
- 얇은 피처 = [한 방향으로]
- 두께 = [10mm]

05 [필렛(🔘)]을 선택하고, 대화상자에서 다음과 같은 옵션을 설정한 다음, 필렛이 적용될 모서리를 선택한다.

- 필렛 반경(⟋) = 5mm

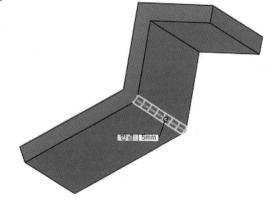

06 [확인(✔)]을 클릭하여 필렛을 완성시킨다.

07 [필렛(🔘)]을 선택하고, 대화상자에서 다음과 같은 옵션을 설정한 다음, 필렛이 적용될 모서리를 선택한다.

- 필렛 반경(⟋) = 3mm

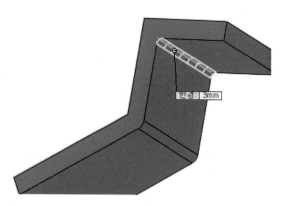

08 [확인(✔)]을 클릭하여 필렛을 완성시킨다.

09 형상의 윗면을 [스케치(✐)]로 선택하고, [직선 홈(▣)]을 작성한다.

[지능형 치수(지능형 치수)]로 치수를 입력하고, [스케치 종료]를 선택한다.

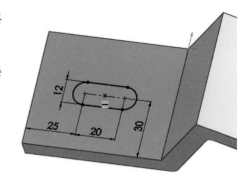

10 [돌출 컷(돌출컷)]을 클릭하여 나타나는 대화상자에서 [방향1 = [관통]]으로 설정하고,

[확인(✓)]을 클릭하여 돌출 컷 구멍을 완성시킨다.

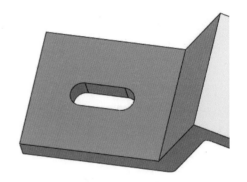

11 형상의 측면을 [스케치(✐)]로 선택하고, [원(⊙ ▾)]을 작성한다.

[지능형 치수(지능형 치수)]로 치수를 입력하고, [스케치 종료]를 선택한다.

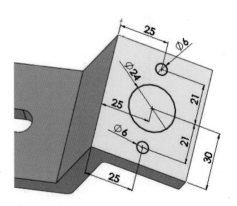

12 [돌출 컷(돌출컷)]을 클릭하여 나타나는 대화상자에서 [방향1 = [관통]]으로 설정하고,

[확인(✓)]을 클릭하여 돌출 컷 구멍을 완성시킨다.

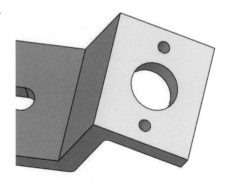

13 [필렛(🔵)]을 선택하고, 대화상자에서 다음과 같
은 옵션을 설정한 다음, 필렛이 적용될 모서리를
선택한다.

• 필렛 반경(🔴) = 5mm

14 [확인(✅)]을 클릭하여 필렛을 완성시킨다.

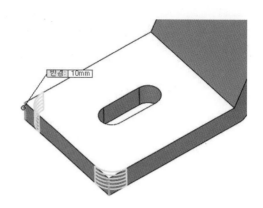

15 [필렛(🔵)]을 이용하여 필렛 반경(🔴) =
20mm의 필렛을 완성시킨다.

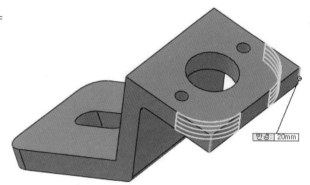

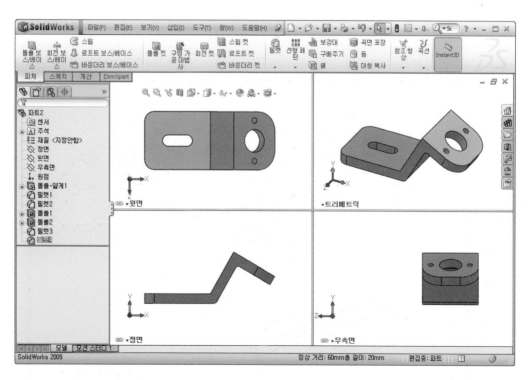

국 가 기 술 자 격 검 정 실 기 시 험 문 제

자격종목	생산자동화기능사	작품명	CAD 작업	형별	C

비번호 :

* 시험시간 : 표준시간 : 2시간, 연장시간 : 20분

1. 요구사항

주어진 도면을 CAD S/W를 이용하여 3차원 모델링 및 2차원 도면작업을 아래 요구사항 및 수험자 유의사항을 준수하여 지급된 저장매체에 저장한 후 수험자 본인이 직접 출력하여 제출한다.

1) 투상법 3각법, 척도 1:1, 용지크기 A3(420×297)
2) 주어진 도면과 같이 3차원 모델링 및 2차원 도면작업을 하시오.
  (단, 주어진 도면 중 잘못된 부분이 있을 경우는 수정 보완하여야 한다.)
3) 주어진 도면과 같이 표제란 및 주서를 작성하시오.
4) 출력은 A3용지에 1:1로 하시오.(도면 출력 결과 예 참조)
5) 기타 지시되지 않는 사항은 KS 제도법에 따라 완성하시오.

도면, 출력결과 예

자격종목	생산자동화기능사	작품명	CAD 작업	형별	C

2. 수험자 유의사항

1) 미리 작성된 Part Program 또는 Block은 일체 사용을 금한다.

2) 시험 중 봉인을 훼손하거나 디스켓을 주고받는 행위는 부정행위로 처리한다.

3) 시험 종료 후 하드디스크에서 작업내용을 삭제해야 한다.

4) 출력물을 확인하여 동일 작품이 발견될 경우 모두 부정행위로 처리한다.

5) 만일의 기계 고장으로 인한 자료손실을 방지하기 위하여 20분에 1회씩 저장(Save)한다.

6) 도면의 한계(Limits)와 선굵기 및 문자의 크기를 구분하기 위한 색상은 다음과 같이 정한다.

　가) 도면의 한계(Limits) A와 B의 한계선(Limits Line)은 출력되지 않도록 한다.

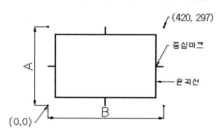

도면의 한계		중심마크
A	B	C
297	420	5

　나) 선(Line) 굵기 구분을 위한 색상(Color)

선의 굵기	문자 크기	색 상(color)	용　　도
0.7mm	7.0mm	하늘색(Cyan)	윤곽선
0.5mm	5.0mm	초록색(Green)	외형선, 개별주서, 2D 도면
0.35mm	3.5mm	노랑색(Yellow)	숨은선, 치수문자, 일반주서 등
0.25mm	2.5mm	흰색(White), 빨강(Red)	해칭, 치수선, 치수보조선, 중심선, 3D 도면

7) 장비조작 미숙으로 파손 및 고장을 일으킬 염려가 있거나 출력시간이 **30분**을 초과할 경우 감독위원 합의하에 실격처리할 수 있다.

8) 표준시간 내에 작품을 제출하여야 감점이 없으며, 연장시간 사용시 허용 연장시간 범위 내에서 **매 10분마다 5점씩 감점**한다.

9) 수험시간에 **휴대폰, 인터넷 및 네트워크 환경 이용은 부정행위**로 처리한다.

자격종목	생산자동화기능사	작품명	CAD 작업	형별	C

10) 표제란 양식은 아래와 같이 작성한다.

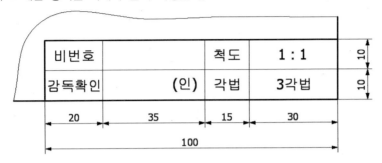

11) 답안지에 낙서나 기호 등 불필요한 표시가 있을 때는 부정행위로 간주하고 채점대상에서 제외한다.

12) 다음 사항에 해당하는 작품은 미완성 또는 오작, 실격이므로 채점하지 않는다.

⊙ 미완성
   가. 주어진 문제 내용 중 어느 한 부품(투상도)이라도 미완성한 작품
   나. 시험시간(표준시간+연장시간)을 초과한 작품

⊙ 오작
   가. 주어진 문제의 도면과 상이한 작품
   나. 주어진 문제의 요구사항을 준수하지 않은 작품
   다. 수험자가 설계한 치수로 제품을 제작할 수 없는 작품
   라. 3차원 모델링 형상을 작성하지 않아 채점위원 만장일치로 합의하여 채점대상에서 제외된 작품

⊙ 실격
   가. 생산자동화기능사 실기시험 전 종목에 응시하지 않는 경우
   나. 생산자동화기능사 실기 종목 중 ① PLC 작업 ② CAD 작업 중 하나라도 0점인 작업이 있는 경우

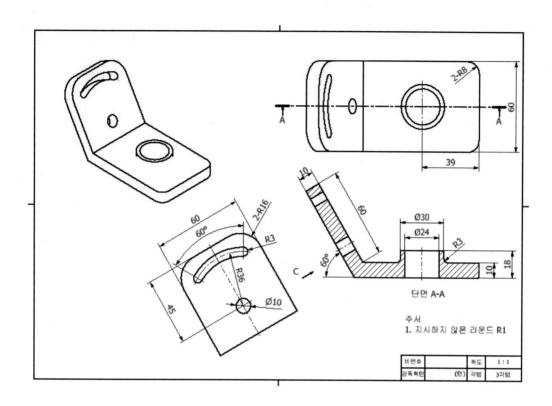

주서
1. 지시하지 않은 라운드 R1

비번호		척도	1 : 1
감독확인	(인) 각법	3각법	

단면 A-A

실습하기

01 SolidWorks 창 상단에 있는 [새 문서(□)]를 클릭하여 [파트]를 선택하고, [확인(확인)] 버튼
   을 클릭한다.

02 [FeatureManager 디자인트리]에서 정면을 선택하고, 나타나는 팝업
   메뉴에서 [스케치]를 클릭한다.

03 스케치 도구모음에서 [선(＼)]을 이용하여, 선을 그린
   후, [지능형 치수(치수)]를 이용하여 치수를 기입한다.

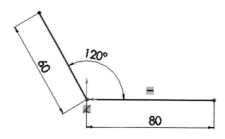

04 [돌출 보스/베이스()]를 클릭한 후, 다음과 같은 옵션을 설정하고, [확인(✔)]을 클릭한다.

- 방향1 = [블라인드 형태]
- 깊이 = [60mm]
- 얇은 피처 = [한 방향으로]
- 두께 = [10mm]

05 [필렛(🔵)]을 이용하여 필렛 반경(🔎)= 16mm 의 필렛을 완성시킨다.

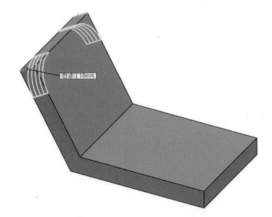

06 [필렛(🔵)]을 이용하여 필렛 반경(🔎) = 8mm의 필렛을 완성시킨다.

07 형상의 윗면을 [스케치(⤸)]로 선택하고, [원(⊙ ﹀)]을 작성한다.
[지능형 치수(지능형 치수)]로 치수를 입력하고, [스케치 종료]를 선택한다.

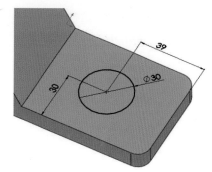

08 [돌출 보스/베이스(돌출 보스/베이스)]를 클릭하여 나타나는 대화상자에서 [방향1] = [깊이]를 [8mm]로 설정하고, [확인(✔)]을 클릭하여 원기둥 형상을 완성한다.

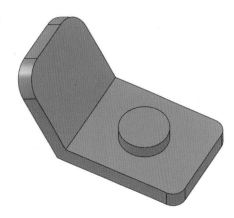

09 원기둥의 윗면을 [스케치(⤸)]로 선택하고, [원(⊙ ﹀)]을 작성하고, [지능형 치수(지능형 치수)]로 치수를 입력한 다음, [스케치 종료]를 선택한다.

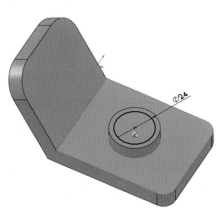

10 [돌출 컷(돌출 컷)]을 클릭하여 나타나는 대화상자에서 [방향1 = [관통]]으로 설정하고, [확인(✔)]을 클릭하여 돌출 컷 구멍을 완성시킨다.

11 [필렛(圓)]을 이용하여 필렛 반경(⟋) = 3mm의
   필렛을 완성시킨다.

12 원기둥의 윗면을 [스케치(ꗲ)]로 선택하고, [원
   (◎ ▾)]과 [중심점 호 원(⦿ ▾)]을 작성하고, [지
   능형 치수(지능형 치수)]로 치수를 입력한 다음, [스케치
   종료]를 선택한다.

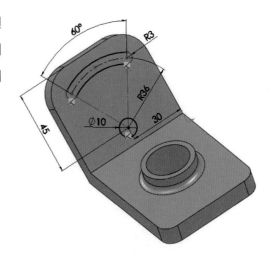

13 [돌출 컷(돌출컷)]을 클릭하여 나타나는 대화상자에서
   [방향1 = [관통]]으로 설정하고, [확인(✔)]을 클릭하
   여 돌출 컷 구멍을 완성시킨다.

14 [필렛(🔧)]을 선택하고, 대화상자에서 다음과 같은
옵션을 설정한 다음, 필렛이 적용될 모서리를 선택
한다.

　・ 필렛 반경(⟋) = 5mm

15 [확인(✔)]을 클릭하여 필렛을 완성시킨다.

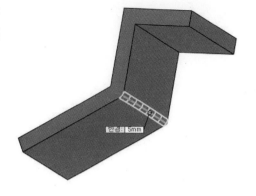

16 [필렛(🔧)]을 선택하고, 대화상자에서 다음과 같은
옵션을 설정한 다음, 필렛이 적용될 모서리를 선택
한다.

　・ 필렛 반경(⟋) = 3mm

17 [확인(✔)]을 클릭하여 필렛을 완성시킨다.

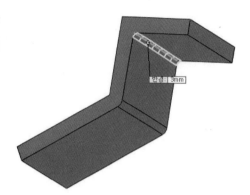

18 형상의 윗면을 [스케치(ᄂ)]로 선택하고, [직선 홈
(◻)]을 작성한다.
[지능형 치수(지능형치수)]로 치수를 입력하고, [스케치 종
료]를 선택한다.

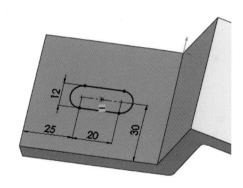

19 [돌출 컷(◻돌출컷)]을 클릭하여 나타나는 대화상자에서
[방향1 = [관통]]으로 설정하고,
[확인(✔)]을 클릭하여 돌출 컷 구멍을 완성시킨다.

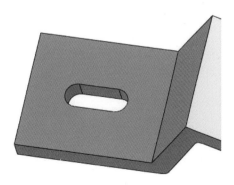

20 형상의 측면을 [스케치(✐)]로 선택하고, [원 (◎ ▾)]을 작성한다.

[지능형 치수(지능형 치수)]로 치수를 입력하고, [스케치 종료]를 선택한다.

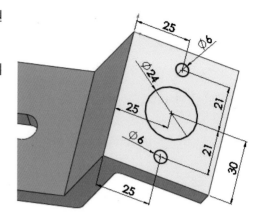

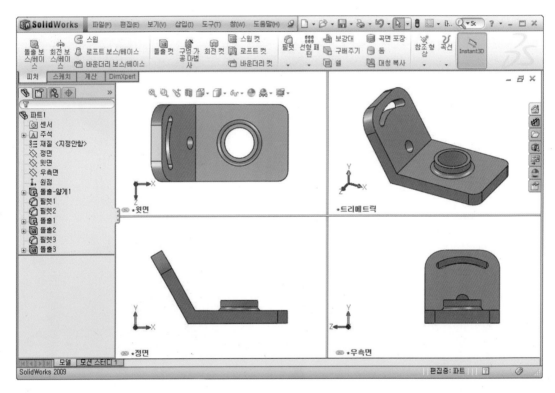

국 가 기 술 자 격 검 정 실 기 시 험 문 제

자격종목	생산자동화산업기사	작품명	3차원 설계	형별	A

비번호 :

* 시험시간 : 표준시간 : 2시간, 연장시간 : 10분

1. 요구사항

1. 도면의 부품 ①, ②, ③을 CAD용 소프트웨어를 이용하여 3차원 부품 분해도를 그리시오.

    가. 도면의 우측 상단에 배치한다.

    나. 과제도면에 주어진 부품번호를 모두 기입한다.

    다. 부품 ①, ②, ③의 내부 형상을 정확히 보이도록 단면을 한다.

    라. 각 부품은 서로 조립될 수 있는 위치와 방향으로 배치한다.

    마. 실척으로 한다.

2. 도면의 부품 ①, ②의 2차원 부품도를 그리시오.

    가. 3차원으로 설계된 부품에서 정투상도를 추출한다.

    나. 도면의 좌측에 3각법으로 그린다.

    다. KS 제도 규칙에 맞게 치수를 기입한다.

    라. 부품의 제작과 조립에 필수적인 치수 중 중복되거나 누락된 치수가 없어야 한다.

    마. 표면거칠기 기호 및 기하공차를 기입한다.

    바. 부품표 위의 일반공차 및 모따기 등에 주서를 기입한다.

3. 용지 규격에 맞게 본인이 직접 출력하여 디스켓과 함께 제출한다.

    가. 도면 용지 크기는 A3(420×297)를 사용한다.

    나. 도면의 테두리 선은 400×277로 한다.

    다. 수험번호와 성명, 표제란 및 부품표는 아래와 같이 한다.

자격종목	생산자동화산업기사	작품명	3차원 설계	형별	공통

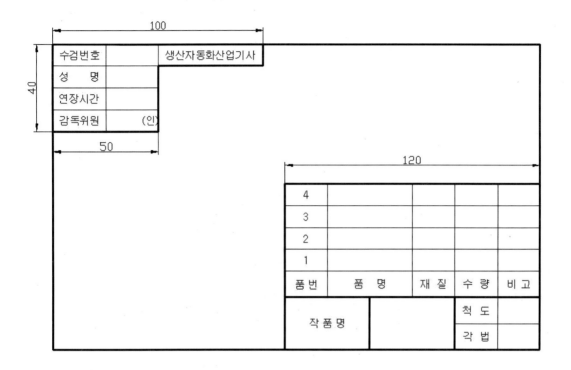

라. 선의 두께와 색상(Color)은 아래와 같이 한다.

선 굵기	문자 높이	색상(Color)	사 용 용 도
0.5mm	5.0mm	하늘색, 녹색	외형선, 윤곽선, 개별 주서
0.35mm	3.5mm	노란색	치수문자, 숨은선, 일반 주서
0.25mm	2.0mm	빨간색, 흰색	치수선, 중심선, 해칭, 치수보조선, 공차 문자

자격종목	생산자동화산업기사	작품명	3차원 설계	척도	1 : 1

2. 도면

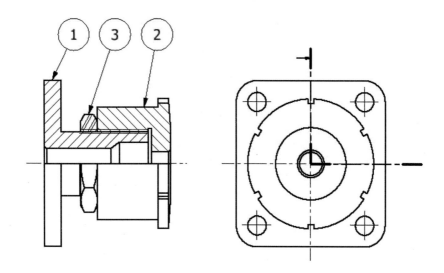

* 아래의 부품 ③에 대한 투상도는 3차원 작업에 참고하시오.

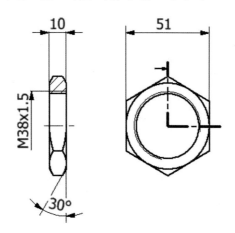

3. 1번 부품도

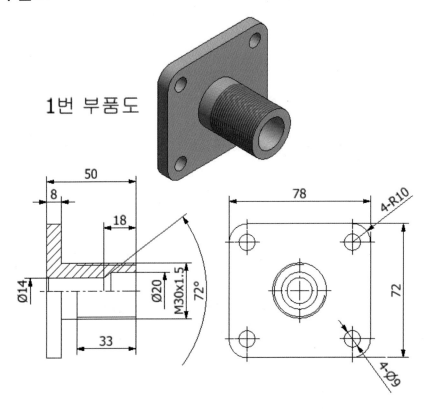

1번 부품도

실습하기

01 SolidWorks 창 상단에 있는 [새 문서(🗋)]를 클릭하여 [파트]를 선택하고, [확인(확인)] 버튼을 클릭한다.

02 [FeatureManager 디자인트리]에서 정면을 선택하고, 나타나는 팝업 메뉴에서 [스케치]를 클릭한다.

03 스케치 메뉴에서 [코너사각형(□)]의 [중심사각형(□)] 유형을 이용하여 사각형을 그리고, [지능형 치수(지능형 치수)]를 이용하여 치수를 기입한다.

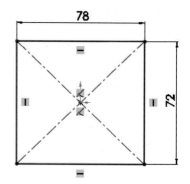

04 [돌출 보스/베이스(돌출보스/베이스)]를 클릭한 후, 다음과 같은 옵션을 설정하고, [확인(✓)]을 클릭한다.

• 방향1 = [블라인드 형태]
• 깊이 = [8mm]

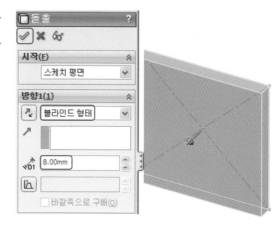

05 [필렛(필렛)]을 선택하고, 대화상자에서 다음과 같은 옵션을 설정한다.

• 필렛 유형 = [부동 반경]
• 필렛 반경(↗) = [10mm]
• 전체 미리보기에 체크

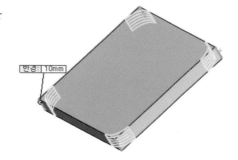

06 필렛이 적용될 네 개의 모서리를 선택하여 지정한다. [확인(✓)]을 클릭하여 필렛을 완성시킨다.

07 형상의 윗면을 [스케치(✏)]로 선택하고, [원(⊘ ▾)]을 클릭하여 필렛 원호의 중심점에 원을 작성한다. [지능형 치수(지능형치수)]를 이용하여 지름 9를 입력하고, [스케치 종료]를 선택한다.

08 [돌출 컷(돌출컷)]을 클릭하여 나타나는 대화상자에서 [방향1 = [관통]]으로 설정한다.

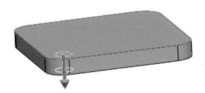

09 [확인(✔)]을 클릭하여 돌출 컷 구멍을 완성시킨다.

10 피처 메뉴에서 [선형 패턴(선형패턴)]을 선택한다.

11 선형 패턴 대화상자에서 다음과 같이 설정한다.

- [패턴할 피처] ❶입력상자를 마우스로 클릭한 후, 지름 9mm의 ❶구멍을 선택한다.
- [방향1(1)]의 ❷입력창을 클릭한 후, 패턴방향인 ❷모서리를 선택한다.
- 피처 간의 간격(↔)을 58mm로, 인스턴스 수(⁂)는 2개를 입력한다.
  ⇒ 만약 미리보기가 반대로 보인다면 [반대방향(↺)]을 클릭하여 방향을 전환시킨다.

- [방향2(2)]의 ❸입력창을 클릭한 후, 패턴방향인 ❸모서리를 선택한다.
- 피처 간의 간격(↔)은 52mm로, 인스턴스 수(⁂)에는 2개를 입력한다.

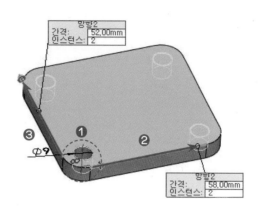

12 [확인(✔)]을 클릭하여 선형패턴을 완성시킨다.

13 형상의 윗면을 [스케치(✐)]로 선택하고, 원점(0,0)에 [원(◎▾)]을 작성한다. [지능형 치수(치수)]를 이용하여 지름 30을 입력한다.

14 [돌출 보스/베이스(돌출보스/베이스)]를 클릭한 후, 다음과 같은 옵션을 설정하고, [확인(✔)]을 클릭한다.

- 방향1 = [블라인드 형태]
- 깊이 = [42mm]

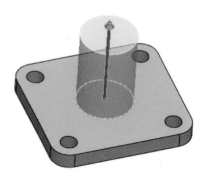

15 나사산을 표시하기 위해 [나사산 표시(⬇)]를 클릭하거나, 풀다운 메뉴 [삽입 〉 주석 〉 나사산 표시]를 차례로 클릭한다.

16 나사산 표시 설정의 옵션을 다음처럼 설정한다.

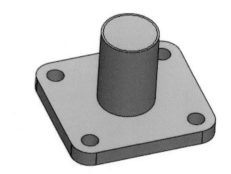

- 원형모서리(◉) = [원기둥의 모서리 선택]
- 마침조건 = [블라인드]
- 나사 깊이(ⅠD) = [33mm]
- 나사 안지름(⊘) = [28mm]

17 [확인(✔)]을 클릭하여 나사산을 표시한다.

18 [FeatureManager 디자인트리]에서 윗면을 선택하고, 나타나는 팝업 메뉴에서 [스케치(✐)]를 클릭한다.

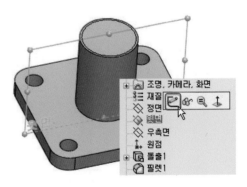

19 [Ctrl + 8]을 이용하여 스케치할 면을 똑바로 놓는다.

20 생성된 축의 단면을 확인하기 위해 [보기 > 표시 > 단면보기]를 클릭하거나, [단면보기(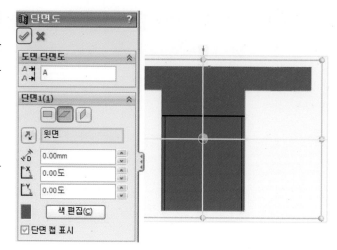)]를 클릭한다.

21 단면도 창의 단면1(1) 옵션에서 [윗면( )]을 선택하여 단면을 확인한다.

22 [확인( )]을 클릭한다.

23 스케치 메뉴에서 [중심선( )]을 선택하여 원점에서 수평하게 중심선을 그린다.

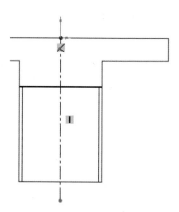

24 [선(\)]을 이용하여 그림과 같이 닫혀 있는 단면선을 그린다.

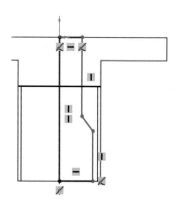

25 [지능형 치수(지능형 치수)]를 이용하여 그림과 같이 치수를 입력하고, [스케치 종료]를 선택한다.

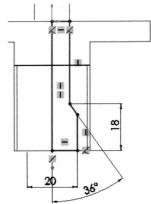

26 [회전 컷(회전 컷)]을 클릭한다.

스케치와 중심선이 하나씩 존재하므로 미리보기하면
회전형상이 보인다.

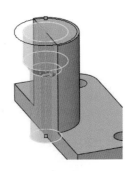

27 [확인(✓)]을 클릭하여 플랜지 모델링을 완성한다.

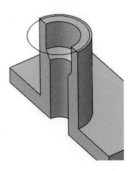

28 작업창 상단의 [단면보기(▨)]를 클릭하여 전체 형
   상 보기를 한다.

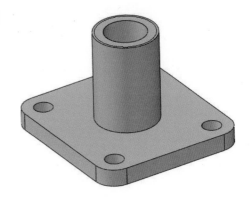

29 [모따기()]를 클릭하여 모따기 거리 1을 지정하고, 그 림처럼 표시된 곳에 모따기를 한다.

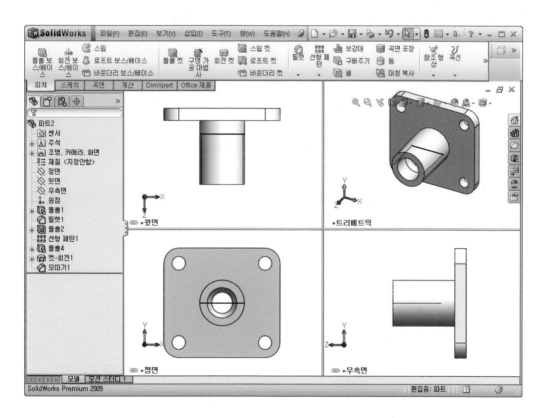

4. 2번 부품도

2번 부품도

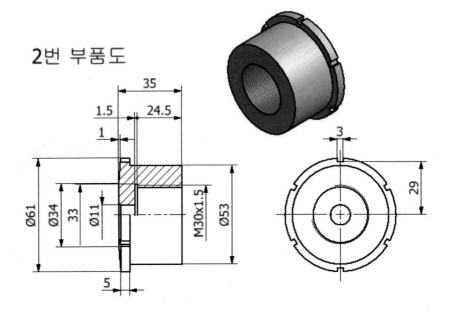

실습하기

01 SolidWorks 창 상단에 있는 [새 문서(□)]를 클릭하여 [파트]를 선택하고, [확인(확인)] 버튼을 클릭한다.

02 [FeatureManager 디자인트리]에서 정면을 선택하고, 나타나는 팝업 메뉴에서 [스케치]를 클릭한다.

03 스케치 메뉴에서 [중심선(┊)]을 선택하여 원점에서 수평하게 중심선을 그린다.

04 [선(＼)]을 이용하여 그림과 같이 닫혀 있는 플랜지의
단면선을 그린다.

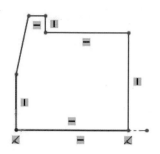

05 [지능형 치수(지능형 치수)]를 이용하여 그림과 같이 치수를 입
력하고, [스케치 종료]를 선택한다.

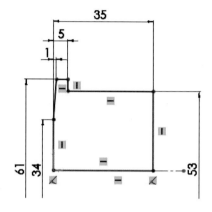

06 [회전 보스/베이스(회전보스/베이스)]를 클릭한다.
스케치와 중심선이 하나씩 존재하므로 회전
대화상자에서 회전 변수의 [회전축(＼)]이 자
동으로 지정되어 미리보기하면 회전형상이
보인다.

07 [확인(✔)]을 클릭하여 모델링을 완성한다.

08 [FeatureManager 디자인트리]에서 정면을 선택하고, 나타나는 팝
업 메뉴에서 [스케치]를 클릭한다.

[Ctrl + 8]을 눌러 선택한 스케치 면에 수직보기
를 한다.

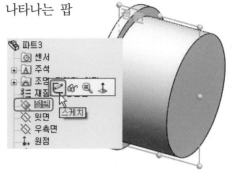

09 [중심선( )]을 선택하여 원점에 수평하게 중심선을 그린다.

10 [선( )]을 이용하여 그림과 같이 닫혀 있는 플랜지의
단면선을 그린다.

11 [지능형 치수( )]를 이용하여 그림과 같이 치수를
입력하고, [스케치 종료]를 선택한다.

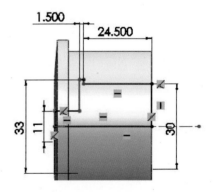

12 [회전 컷( )]을 클릭한다.

스케치와 중심선이 하나씩 존재하므로 미리
보기하면 회전 형상이 보인다.

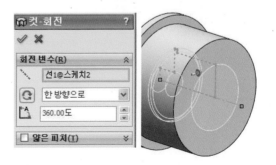

13 [확인(✓)]을 클릭하여 플랜지 모델링을 완성한다.

14 나사산을 표시하기 위해 [나사산 표시(▮)]를 클릭하거나, 풀다운 메뉴 [삽입 〉 주석 〉 나사산 표시]를 차례로 클릭한다.

15 나사산 표시 설정의 옵션을 다음처럼 설정한다.

- 원형모서리(◎) = [원기둥의 모서리 선택]
- 마침조건 = [다음 면까지]
- 나사 안지름(◎) = [32mm]

16 [확인(✓)]을 클릭하여 나사산을 표시한다.

17 홈을 생성하기 위해 윗면을 선택하고, [스케치(┗)]를 클릭한다.

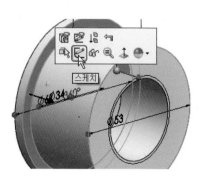

18 [코너사각형(□)]과 [지능형 치수(지능형 치수)]를 이용하여 그림
과 같이 작성을 한다.

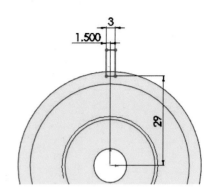

19 [스케치 종료]를 선택하고, [돌출 컷(돌출 컷)]을 이용하여
나타나는 대화상자에서 [방향1 = [관통]]으로 설정한다.

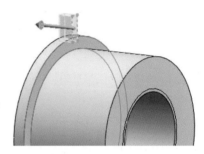

20 [확인(✓)]을 클릭하여 돌출 컷을 완성시킨다.

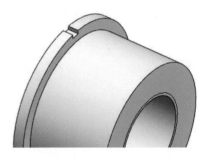

21 원형으로 일정하게 배치된 형상을 복사하기 위해 [CommandManager]
피처 메뉴에서 [선형 패턴] 아래의 역삼각형(▼)을 눌러 [원형 패턴(⚙)]
을 클릭한다.

22 나타나는 원형 패턴 대화상자에서 다음과 같이 설정한다.

- 축 = 원통형 면 선택
- 인스턴스 수 = 6
- 동등 간격 = 체크
- 패턴할 피처 = 생성한 돌출 컷 홈 선택

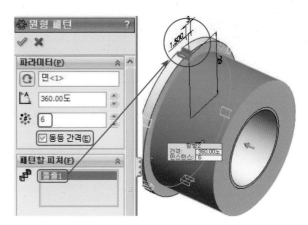

23 [확인(✓)]을 클릭하여 원형 패턴을 완성한다.

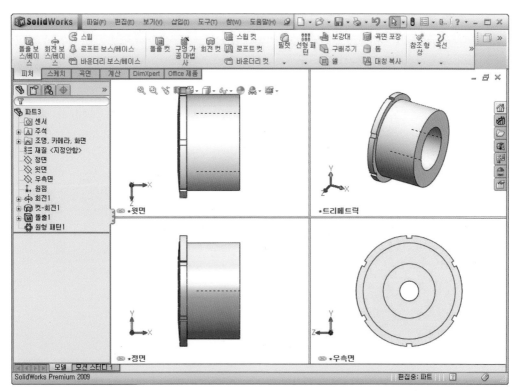

국 가 기 술 자 격 검 정 실 기 시 험 문 제

자격종목	생산자동화산업기사	작품명	3차원 설계	형별	B

비번호 :

* 시험시간 : 표준시간 : 2시간, 연장시간 : 10분

1. 요구사항

1. 도면의 부품 ①, ②, ③, ④를 CAD용 소프트웨어를 이용하여 3차원 부품 분해도를 그리시오.

　가. 도면의 우측 상단에 배치한다.

　나. 과제도면에 주어진 부품번호를 모두 기입한다.

　다. 부품 ①, ②, ③, ④의 내부 형상을 정확히 보이도록 단면을 한다.

　라. 각 부품은 서로 조립될 수 있는 위치와 방향으로 배치한다.

　마. 실척으로 한다.

2. 도면의 부품 ①, ②, ③, ④의 2차원 부품도를 그리시오.

　가. 3차원으로 설계된 부품에서 정투상도를 추출한다.

　나. 도면의 좌측에 3각법으로 그린다.

　다. KS 제도규칙에 맞게 치수를 기입한다.

　라. 부품의 제작과 조립에 필수적인 치수 중 중복되거나 누락된 치수가 없어야 한다.

　마. 표면거칠기 기호 및 기하공차를 기입한다.

　바. 부품표 위의 일반공차 및 모따기 등에 주서를 기입한다.

3. 용지 규격에 맞게 본인이 직접 출력하여 디스켓과 함께 제출한다.

　가. 도면 용지 크기는 A3(420×297)를 사용한다.

　나. 도면의 테두리 선은 400×277로 한다.

　다. 수험번호와 성명, 표제란 및 부품표는 아래와 같이 한다.

자격종목	생산자동화산업기사	작품명	3차원 설계	형별	공통

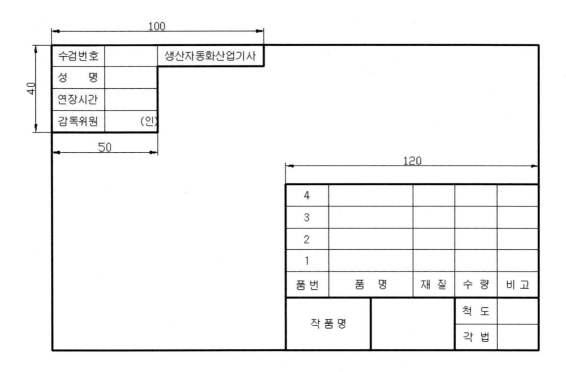

라. 선의 두께와 색상(Color)은 아래와 같이 한다.

선 굵기	문자 높이	색상(Color)	사 용 용 도
0.5mm	5.0mm	하늘색, 녹색	외형선, 윤곽선, 개별 주서
0.35mm	3.5mm	노란색	치수문자, 숨은선, 일반 주서
0.25mm	2.0mm	빨간색, 흰색	치수선, 중심선, 해칭, 치수보조선, 공차 문자

자격종목	생산자동화산업기사	작품명	3차원 설계	척도	1 : 1

2. 도면

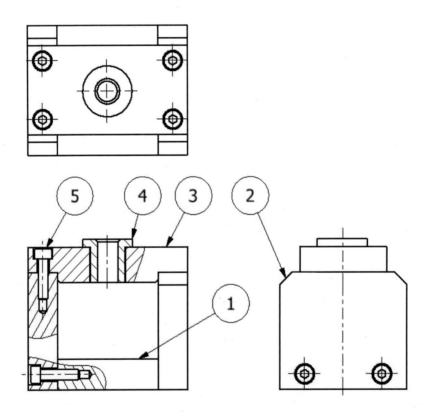

3. 1번 부품도 작성

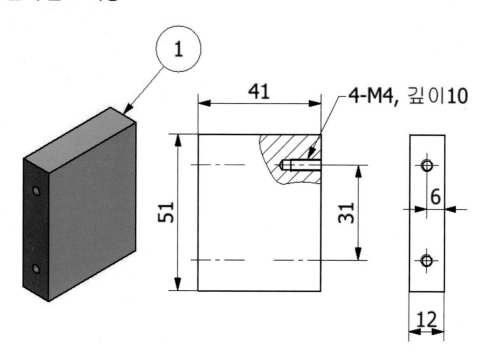

실습하기

01 SolidWorks 창 상단에 있는 [새 문서(□)]를 클릭하여 [파트]를 선택하고, [확인(확인)] 버튼을 클릭한다.

02 [FeatureManager 디자인트리]에서 정면을 선택하고, 나타나는 팝업 메뉴에서 [스케치]를 클릭한다.

03 스케치 메뉴에서 [코너사각형(□)]의 [중심사각형(回)] 유형을 이용하여 사각형을 그리고, [지능형 치수(지능형 치수)]를 이용하여 치수를 기입한다.

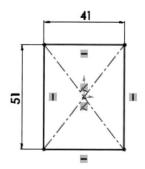

04 [돌출 보스/베이스(⬛)]를 클릭한 후, 다음과 같은 옵션을 설정하고, [확인(✅)]을 클릭한다.

- 방향1 = [블라인드 형태]
- 깊이 = [12mm]

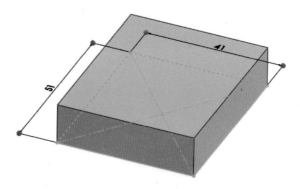

05 형상의 측면을 [스케치(⎘)]로 선택하고, [Ctrl+8]을 눌러 스케치할 면을 똑바로 놓는다.

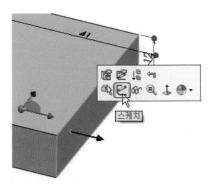

06 스케치 메뉴에서 [점(＊)]을 이용하여 두 개의 점을 작성하고, [지능형 치수(⬛)]로 위치를 지정한다.

07 [스케치 종료]를 선택한다.

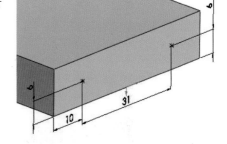

08 [구멍가공마법사(⬛)]를 클릭한다.

09 구멍 스팩 대화상자의 옵션에서 다음과 같이 설정한다.

❶ 구멍 유형 = [탭(⬛)]
❷ 표준 = [KS]
❸ 유형 = [핸드 탭 구멍]
❹ 크기 = [M4]
❺ 마침조건 = [블라인드 형태]
❻ 구멍 깊이 = [12mm]
❼ 나사선 유형 = [블라인드]
❽ 탭 나사선 깊이 = [10mm]
❾ 구멍 스팩 상단의 위치([⬛ 위치]) 탭을 클릭한다.

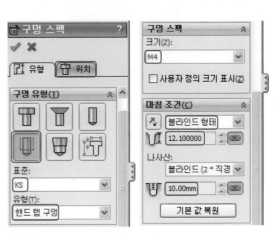

10 구멍의 위치를 지정하기 위해 앞서 작성한 스케치 점 2개를
선택한다. 미리보기하면 작성된 구멍이 보인다.

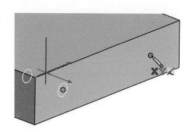

11 [확인(✓)]을 클릭하여 구멍을 완성시킨다.

12 가상의 면을 작성하기 위해 [CommandManager] 피처 메뉴에서 [참조
형상] 아래의 역삼각형(▾)을 눌러 [기준면(◈)]을 클릭한다.

13 평면 생성 대화상자에서 평면
을 정의할 기준 요소로 ❶측면
을 선택한다. 나타나는 ❷[거리
(⊢⊣)]에 20.5mm를 입력하고,
❸반대방향에 체크표시를 한다.

TIP

오프셋 거리 : 평면 또는 면에 평행이
거나 지정된 거리를 두고 오프셋 된
평면을 작성한다.

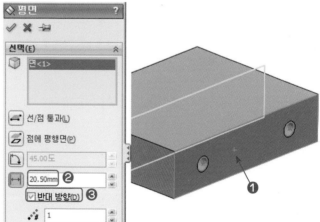

14 [확인(✓)]을 클릭하면 기준면을 생성한다.

15 대칭되는 형상을 복사하기 위해 [CommandManager] 피처 메뉴에서
[선형 패턴] 아래의 역삼각형(▾)을 눌러 [대칭 복사(◈)]를 클릭한다.

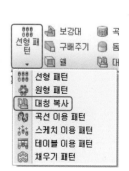

16 대칭 복사 대화상자가 나타난다.

- 면/평면 대칭 복사 = 작성한
  ❶기준면 선택
- 대칭 복사 피처 = ❷구멍 선택

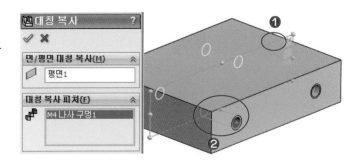

17 [확인(✓)]을 클릭하면 대칭 복사 형상인 탭 구멍이 생성된다.

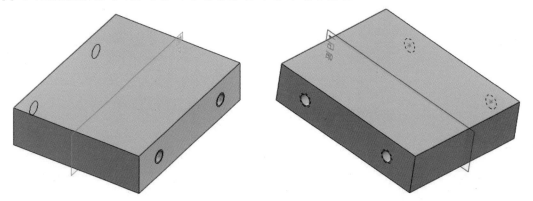

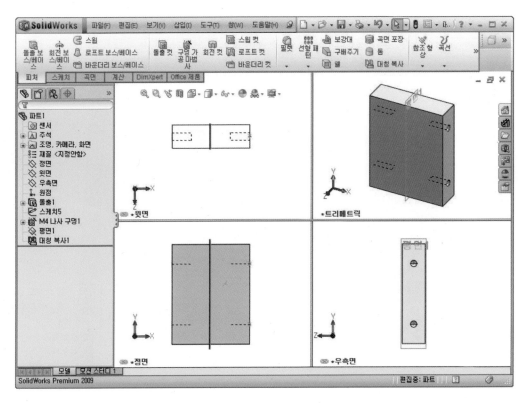

4. 2번 부품도 작성

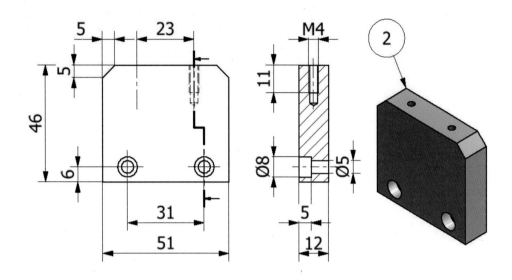

실습하기

01 SolidWorks 창 상단에 있는 [새 문서(☐)]를 클릭하여 [파트]를 선택하고, [확인(확인)] 버튼
을 클릭한다.

02 [FeatureManager 디자인트리]에서 정면을 선택하고, 나타나는 팝업
메뉴에서 [스케치]를 클릭한다.

03 스케치 메뉴에서 [코너사각형(☐)]의 [중심사각형(☐)] 유형
을 이용하여 사각형을 그리고, [지능형 치수(지능형치수)]를 이용하
여 치수를 기입한다.

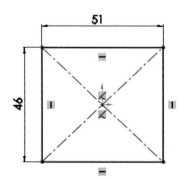

04 [돌출 보스/베이스(스/베이스)]를 클릭한 후, 다음과 같은 옵션을 설정하고, [확인(✓)]을 클릭한다.

• 방향1 = [블라인드 형태]
• 깊이 = [12mm]

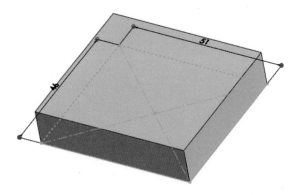

05 [모따기(◇)]를 클릭하여 모따기 거리 5를 지정하고, 그림처럼 표시된 위쪽 모서리 2군데에 모따기를 한다.

06 [확인(✓)]을 클릭하여 모따기를 완성한다.

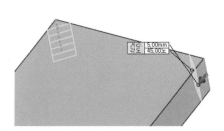

07 형상의 윗면을 선택하고, [스케치(☑)]를 클릭한다.

08 스케치 메뉴에서 [점(*)]을 이용하여 두 개의 점을 작성하고, [지능형 치수(지능형치수)]로 위치를 지정한다.

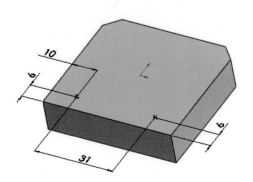

09 [스케치 종료]를 선택한다.

10 [구멍가공마법사(구멍가공마법사)]를 클릭한다.

11 구멍 스팩 대화상자의 옵션에서 다음과 같이 설정한다.

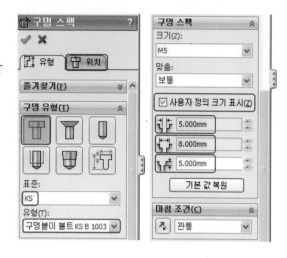

❶ 구멍 유형 = [카운터보어( )]

❷ 표준 = [KS]

❸ 유형 = [구멍붙이 볼트 KS B 1003]

❹ 사용자 정의 크기 표시 체크

❺ 탭 드릴 지름 = [5mm]

❻ 카운터 보어 지름 = [8mm]

❼ 카운터 보어 깊이 = [5mm]

❽ 구멍 스팩 상단의 위치(위치) 탭을 클릭한다.

12 구멍의 위치를 지정하기 위해 앞서 작성한 스케치 점 2개를 선택한다. 미리보기하면 작성된 구멍이 보인다.

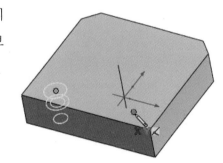

13 [확인( )]을 클릭하여 구멍을 완성시킨다.

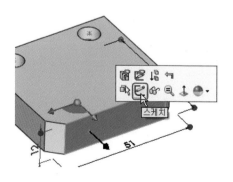

14 형상의 앞면을 선택하고, [스케치(ʅ)]를 클릭한다.

15 스케치 메뉴에서 [점(✳)]을 이용하여 두 개의 점을
작성하고, [지능형 치수(지능형 치수)]로 위치를 지정한다.

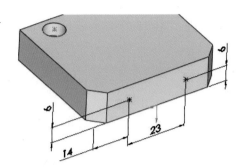

16 [스케치 종료]를 선택한다.

17 [구멍가공마법사(구멍 가공 마법사)]를 클릭한다.

18 구멍 스팩 대화상자의 옵션에서 다음과 같
이 설정한다.

❶ 구멍 유형 = [탭(▯)]

❷ 표준 = [KS]

❸ 유형 = [핸드 탭 구멍]

❹ 크기 = [M4]

❺ 마침조건 = [블라인드 형태]

❻ 구멍 깊이 = [13mm]

❼ 나사선 유형 = [블라인드]

❽ 탭 나사선 깊이 = [11mm]

❾ 구멍 스팩 상단의 위치([👆 위치]) 탭을 클릭한다.

19 구멍의 위치를 지정하기 위해 앞서 작성한 스케치 점 2개
를 선택한다. 미리보기하면 작성된 구멍이 보인다.

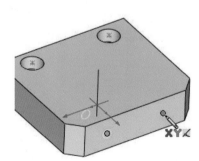

20 [확인(✓)]을 클릭하여 구멍을 완성시킨다.

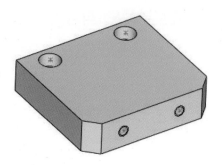

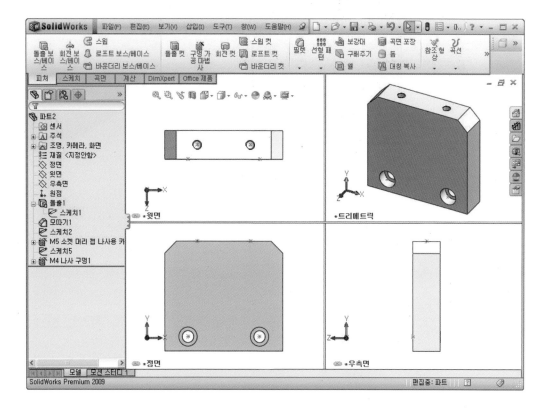

5. 3번 부품도 작성

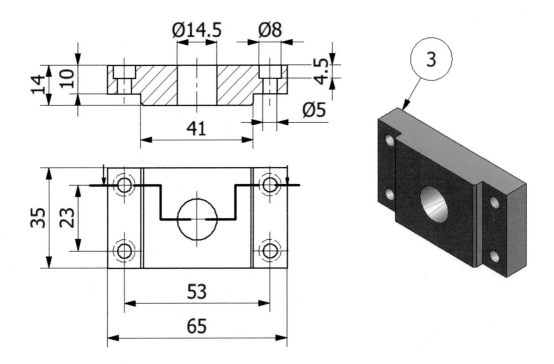

실습하기

01 SolidWorks 창 상단에 있는 [새 문서(⬜)]를 클릭하여 [파트]를 선택하고, [확인(확인)] 버튼
   을 클릭한다.

02 [FeatureManager 디자인트리]에서 정면을 선택하고, 나타나는 팝업
   메뉴에서 [스케치]를 클릭한다.

03 스케치 메뉴에서 [코너사각형(⬜)]의 [중심사각형(⬛)]
   유형을 이용하여 사각형을 그리고, [지능형 치수(지능형 치수)]
   를 이용하여 치수를 기입한다.

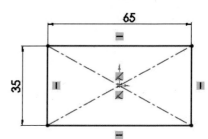

04 [돌출 보스/베이스(돌출 보스/베이스)]를 클릭한 후, 다음과 같은 옵션을 설정하고, [확인(✔)]을 클릭한다.

- 방향1 = [블라인드 형태]
- 깊이 = [10mm]

05 모델링 형상의 윗면을 [스케치(↵)] 면으로 하여 [코너사각형(▢)]을 작성하고, [지능형 치수(⟡지능형 치수)]를 기입한다.

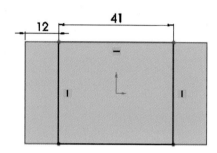

06 [돌출 보스/베이스(돌출 보스/베이스)]를 클릭한 후, 다음과 같은 옵션을 설정하고, [확인(✔)]을 클릭한다.

- 방향1 = [블라인드 형태]
- 깊이 = [4mm]

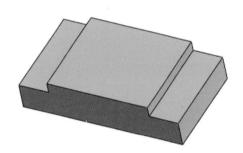

07 모델링 형상의 윗면을 [스케치(↵)] 면으로 하여 [원(◎ ·)]을 작성하고, [지능형 치수(⟡지능형 치수)]를 기입한다.

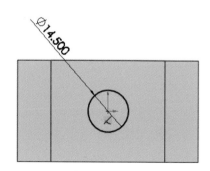

08 [돌출 컷(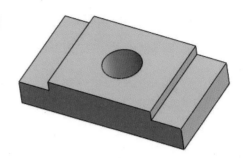돌출컷)]을 이용하여 나타나는 대화상자에서
 [방향1 = [관통]]으로 설정한다.

09 모델링 형상의 뒷면을 [스케치(✐)] 면으로 하
 여 [점(*)]을 작성하고, [지능형 치수(지능형치수)]를
 기입한다.

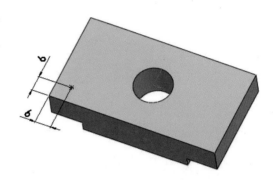

10 [구멍가공마법사(구멍가공마법사)]를 클릭한다.

11 구멍 스팩 대화상자의 옵션에서 다음과 같
 이 설정한다.

❶ 구멍 유형 = [카운터보어(⊤)]

❷ 표준 = [KS]

❸ 유형 = [구멍붙이 볼트 KS B 1003]

❹ 사용자 정의 크기 표시 체크

❺ 탭 드릴 지름 = [5mm]

❻ 카운터 보어 지름 = [8mm]

❼ 카운터 보어 깊이 = [4.5mm]

❽ 구멍 스팩 상단의 위치(位 위치) 탭을 클릭한다.

12 구멍의 위치를 지정하기 위해 앞서 작성한 스케치
점을 선택한다. 미리보기하면 작성된 구멍이 보인다.

13 [확인(✓)]을 클릭하여 구멍을 완성시킨다.

14 "CommandManager"의 피처 메뉴에서 [선형 패턴(선형 패턴)]을 선택한다.

15 선형 패턴 대화상자에서 다음과 같이 설정한다.

• [패턴할 피처] = 카운터 보어를 선택한다.
• [방향1(1)] = 패턴방향 모서리를 선택한다.
• 피처 간의 간격(⟋)을 53mm로, 인스턴스 수(⟋)에 2개를 입력한다.
   ⇒ 만약 미리보기가 반대로 보인다면 [반대방향(⟲)]을 클릭하여 방향을 전환시킨다.

• [방향2(2)] = 패턴방향인 모서리를 선택한다.
• 피처 간의 간격(⟋)을 23mm로, 인스턴스 수(⟋)에 2개를 입력한다.

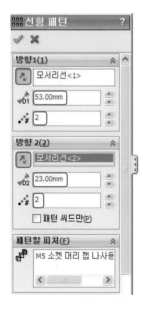

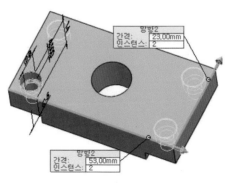

16 [확인(✔)]을 클릭하여 직사각형 패턴을 완성시킨다.

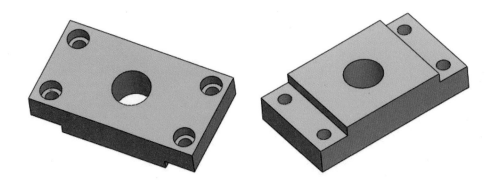

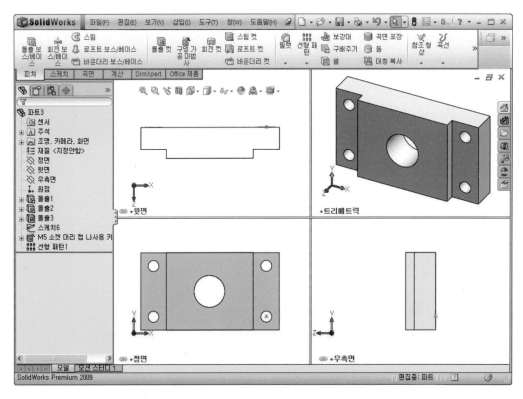

6. 4번 부품도 작성

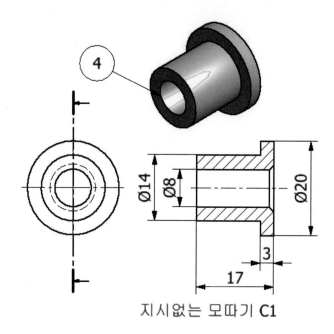

지시없는 모따기 C1

실습하기

01 SolidWorks 창 상단에 있는 [새 문서(□)]를 클릭하여 [파트]를 선택하고, [확인(확인)] 버튼을 클릭한다.

02 [FeatureManager 디자인트리]에서 정면을 선택하고, 나타나는 팝업 메뉴에서 [스케치]를 클릭한다.

03 스케치 메뉴에서 [중심선(┆)]을 선택하여 원점에 수평하게 중심선을 그린다.

04 [선(＼)]을 이용하여 그림과 같이 부시 부품의 단면을 그리
고, [지능형 치수(지능형치수)]를 이용하여 그림과 같이 치수를 입
력하고, [스케치 종료]를 선택한다.

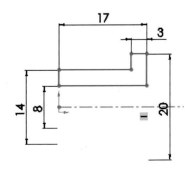

05 [회전 보스/베이스(회전보스/베이스)]를 클릭한다.

06 [확인(✓)]을 클릭하여 회전 모델링을 완성한다.

07 [모따기(◯)]를 클릭하여 지시 없는 모따기 거리값 1
을 지정하고, 그림처럼 표시된 곳에 모따기를 한다.

08 [확인(✓)]을 클릭하여 모델링을 완성한다.

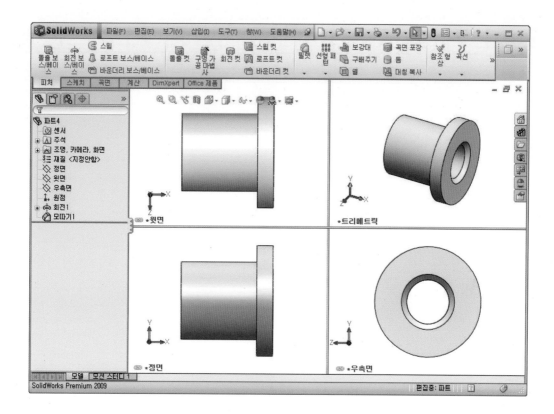

국 가 기 술 자 격 검 정 실 기 시 험 문 제

자격종목	생산자동화산업기사	작품명	CAD작업_3D/2D	형별	C

비번호 :

* 시험시간 : 표준시간 : 2시간, 연장시간 : 10분

1. 요구사항

1. 도면의 부품 ①, ②, ③의 2차원 부품도를 그리시오.

2. 도면

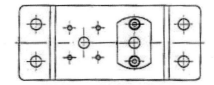

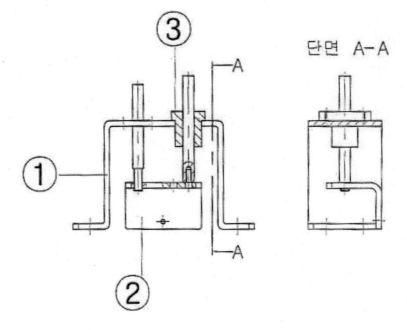

단면 A-A

3. 1번 부품도

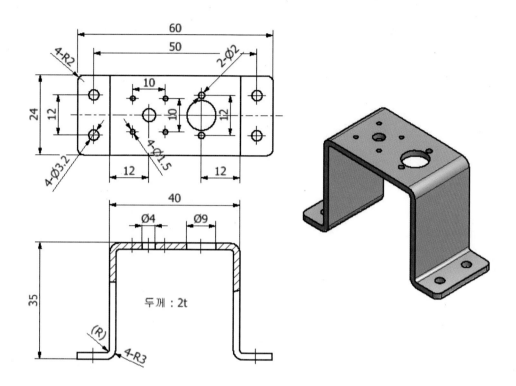

실습하기

01 SolidWorks 창 상단에 있는 [새 문서(⬜)]를 클릭하여 [파트]를 선택하고, [확인(　확인　)] 버튼
을 클릭한다.

02 [FeatureManager 디자인트리]에서 정면을 선택하고, 나타나는 팝업
메뉴에서 [스케치]를 클릭한다.

03 [선(\)]과 [지능형 치수(지능형 치수)]를 이용하여 그
   림과 같이 작성을 한다.

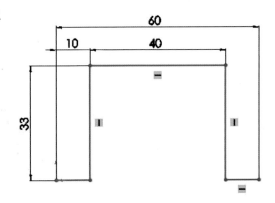

04 [스케치 필렛( )]을 실행하여 필렛 변수에
   [3mm]를 입력하고, 필렛이 적용될 두 군데 모
   서리 점을 클릭한다.

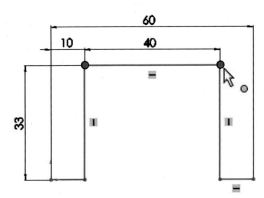

05 필렛 변수에 [1mm]를 입력하고, 필렛이 적용될
   두 군데 모서리 점을 클릭한다.

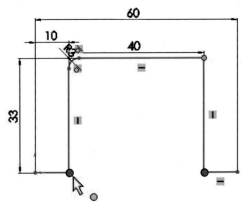

06 [확인( )]을 클릭하여 스케치 필렛을 그리고, 스케치를 종료한다.

07 [돌출 보스/베이스(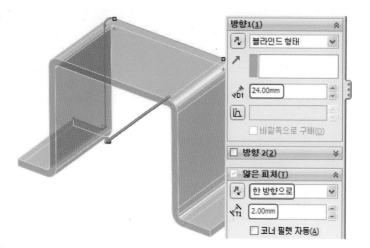)]를
실행하여 다음과 같은 옵션
을 설정한다.

- 방향1 = [중간 평면]
- 깊이 = [24mm]
- 얇은 피처
- 유형 = [한 방향으로]
- 두께 = [2mm]
[확인(✔)]을 클릭한다.

08 [필렛(🔵)]을 선택하고, 다음과 같이 설정한 후,
네 군데 모서리를 선택하여 필렛을 완성시킨다.

- 필렛 유형 = [부동 반경]
- 필렛 반경(↗) = [2mm]
- 전체 미리보기에 체크

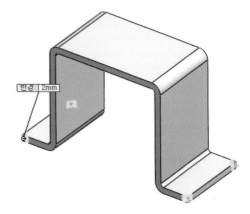

09 모델링 형상의 중간 면을 [스케치(✏)] 면으로 하여
[원(⊙ ▾)]을 작성하고, [지능형 치수(지능형 치수)]를 기입한다.

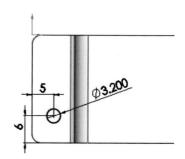

10 [돌출 컷(돌출컷)]을 이용하여 나타나는 대화상자에서
[방향1 = [관통]]으로 설정한다.

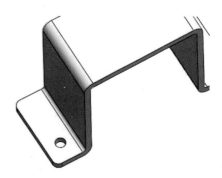

11 "CommandManager"의 **피처** 메뉴에서 [**선형 패턴**(선형 패턴)]을 선택한다.

12 선형 패턴 대화상자에서 다음과 같이 설정한다.

- [**패턴할 피처**] = 카운터 보어를 선택한다.
- [**방향1(1)**] = 패턴방향 모서리를 선택한다.
- 피처 간의 간격( )을 50mm로, 인스턴스 수( )에는 2개를 입력한다.
   ⇒ 만약 미리보기가 반대로 보인다면 [**반대방향**( )]을 클릭하여 방향을 전환시킨다.

- [**방향2(2)**] = 패턴방향인 모서리를 선택한다.
- 피처 간의 간격( )을 12mm로, 인스턴스 수( )에는 2개를 입력한다.

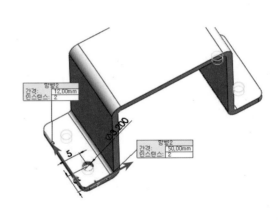

13 [**확인**( )]을 클릭하여 직사각형 패턴을
완성시킨다.

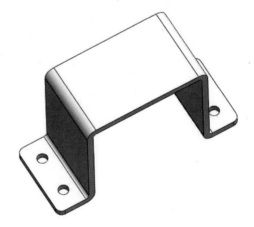

14 모델링 형상의 윗면을 [스케치( )] 면으로 하여 [원
(▾)]을 작성하고, [지능형 치수( )]를 기입한다.

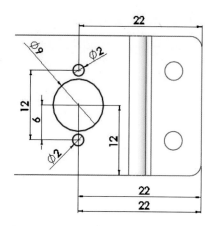

15 [돌출 컷( )]을 이용하여 나타나는 대화상자에서
[방향1 = [관통]]으로 설정한다.

16 모델링 형상의 윗면을 [스케치( )] 면으로 하여 [원
(▾)]을 작성하고, [지능형 치수( )]를 기입한다.

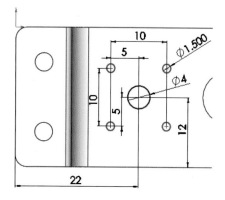

17 [돌출 컷(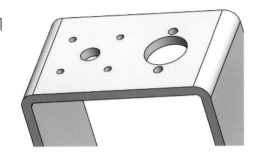돌출컷)]을 이용하여 나타나는 대화상자에
서 [방향1 = [관통]]으로 설정한다.

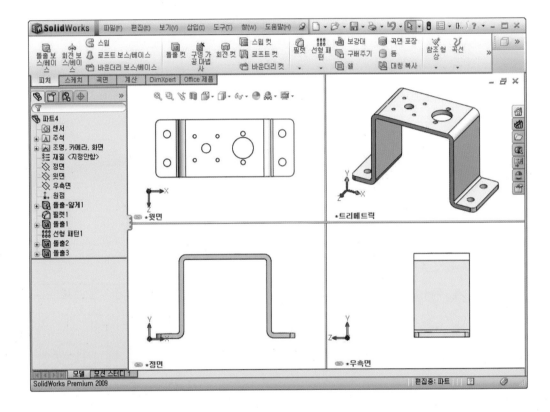

4. 2번 부품도

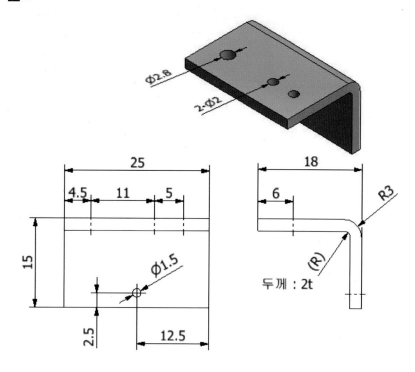

실습하기

01 SolidWorks 창 상단에 있는 [새 문서(□)]를 클릭하여 [파트]를 선택하고, [확인(확인)] 버튼
을 클릭한다.

02 [FeatureManager 디자인트리]에서 정면을 선택하고, 나타나는 팝업
메뉴에서 [스케치]를 클릭한다.

03 [선(＼)]과 [지능형 치수(지능형 치수)]를 이용하여 그림과 같이 작성을
한다.

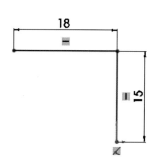

04 [스케치 필렛(⌒・)]을 실행하여 필렛 변수에 [3mm]를 입력하고, 필렛이 적용될 모서리 점을 클릭한다.

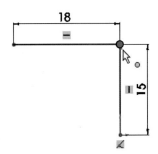

05 [확인(✓)]을 클릭하면 스케치 필렛이 그려진다. 스케치를 종료한다.

06 [돌출 보스/베이스(돌출보스/베이스)]를 실행하여 다음과 같은 옵션을 설정한다.

- 방향1 = [중간 평면]
- 깊이 = [25mm]
- 얇은 피처
- 유형 = [한 방향으로]
- 두께 = [2mm]

[확인(✓)]을 클릭한다.

07 모델링 형상의 윗면을 [스케치(✐)] 면으로 하여 [원 (◎・)]을 작성하고, [지능형 치수(지능형치수)]를 기입한다.

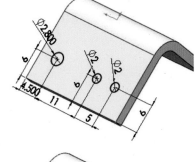

08 [돌출 컷(돌출컷)]을 이용하여 나타나는 대화상자에서 [방향1 = [관통]]으로 설정한다.

09 형상의 측면을 [스케치(✐)] 면으로 하여 [원(⊘ ·)]을
작성하고, [지능형 치수(지능형 치수)]를 기입한다.

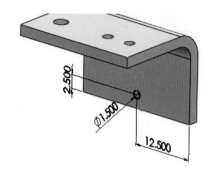

10 [돌출 컷(🖼️컷)]을 이용하여 나타나는 대화상자에서
[방향1 = [관통]]으로 설정한다.

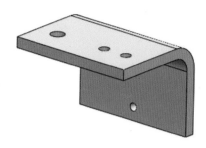

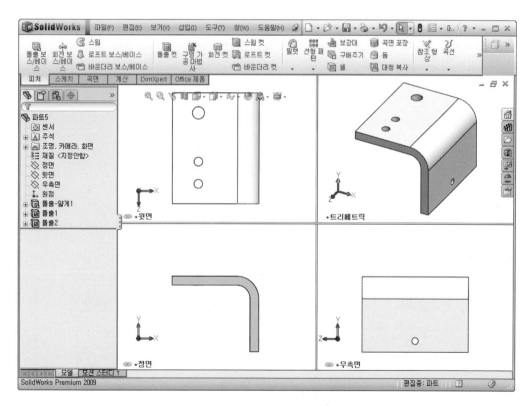

5. 3번 부품도

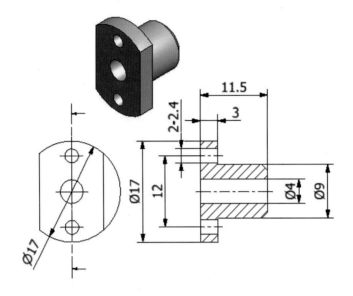

실습하기

01 SolidWorks 창 상단에 있는 [새 문서(□)]를 클릭하여 [파트]를 선택하고, [확인(⬚ 확인 ⬚)] 버튼을 클릭한다.

02 [FeatureManager 디자인트리]에서 정면을 선택하고, 나타나는 팝업 메뉴에서 [스케치]를 클릭한다.

03 [코너사각형(□)]과 [선(＼)]을 이용하여 그림과 같이 작성하고, [지능형 치수(지능형 치수)]를 입력한다.

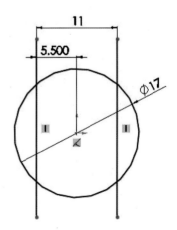

04 [스케치 요소 잘라내기(스케치 잘라...)]를 클릭하면 마우스 모양이 [포인터]
처럼 변한다. 이때 불필요한 요소들을 선택하여 그림과 같이
잘라낸다.

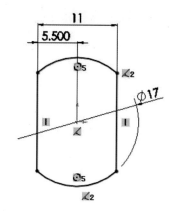

05 [돌출 보스/베이스(돌출보스/베이스)]를 클릭한 후, 다음과 같은 옵션을 설정하
고, [확인(✔)]을 클릭한다.

- 방향1 = [블라인드 형태]
- 깊이 = [3mm]

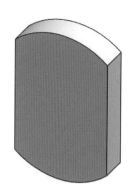

06 형상의 앞면을 [스케치(✐)] 면으로 하여 [원(⊘▾)]을 작성하고,
[지능형 치수(지능형치수)]를 기입한다.

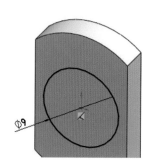

07 [돌출 보스/베이스(돌출보스/베이스)]를 클릭한 후, 다음과 같은 옵션을 설정
하고, [확인(✔)]을 클릭한다.

- 방향1 = [블라인드 형태]
- 깊이 = [8.5mm]

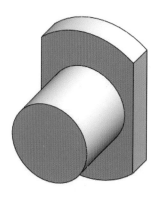

08 형상의 앞면을 [스케치(✐)] 면으로 하여 [원(◎ ▾)]을
작성하고, [지능형 치수(치수)]를 기입한다.

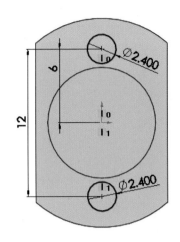

09 [돌출 컷(돌출컷)]을 이용하여 나타나는 대화상자에서
[방향1 = [관통]]으로 설정한다.

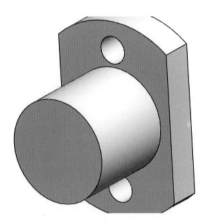

10 형상의 앞면을 [스케치(✐)] 면으로 하여 [원(◎ ▾)]을
작성하고, [지능형 치수(치수)]를 기입한다.

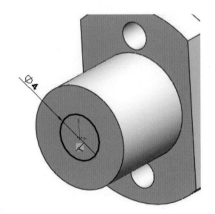

11 [돌출 컷(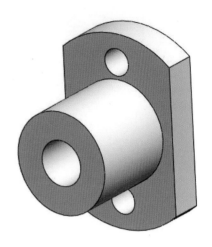돌출컷)]을 이용하여 나타나는 대화상자에서
[방향1 = [관통]]으로 설정한다.

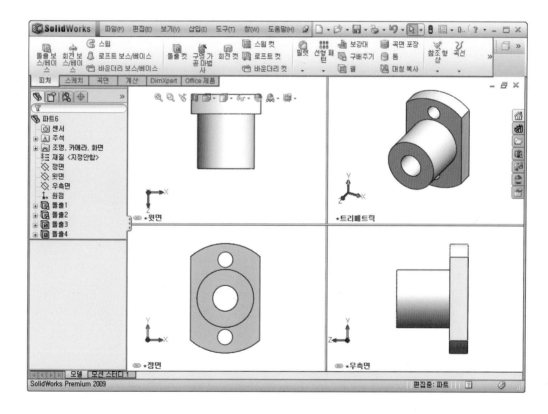

국가기술자격검정 실기시험문제

자격종목	생산자동화산업기사	작품명	CAD작업_3D/2D	형별	D

비번호 :

* 시험시간 : 표준시간 : 2시간, 연장시간 : 10분

1. 요구사항

  1. 도면의 부품 ③의 2차원 부품도를 그리시오.

2. 도면

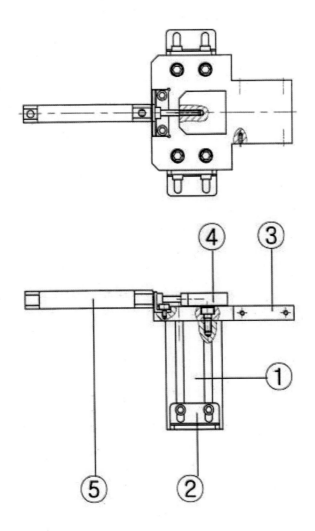

3. 3번 부품도

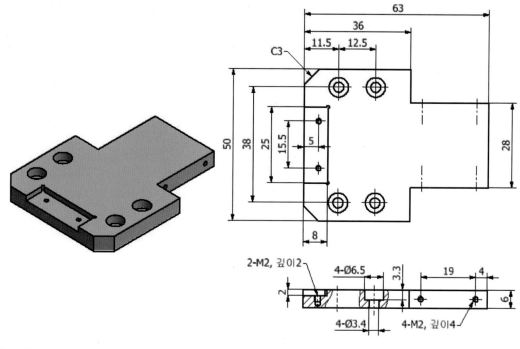

실습하기

01 SolidWorks 창 상단에 있는 [새 문서(🗋)]를 클릭하여 [파트]를 선택하고, [확인(확인)] 버튼을 클릭한다.

02 [FeatureManager 디자인트리]에서 정면을 선택하고, 나타나는 팝업 메뉴에서 [스케치]를 클릭한다.

03 [선(＼)]을 이용하여 닫힌 스케치를 작성하고, [지능형 치수(지능형치수)]로 그림과 같이 작성을 한다.

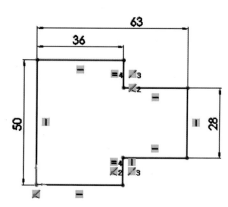

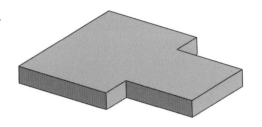

04 [돌출 보스/베이스(돌출보스/베이스)]를 클릭한 후, 다음과 같
은 옵션을 설정하고, [확인(✓)]을 클릭한다.

- 방향1 = [블라인드 형태]
- 깊이 = [6mm]

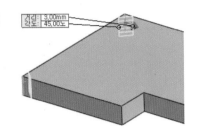

05 [모따기(◢)]를 클릭하여 모따기 거리 3을 지정하고, 그림처
럼 표시된 위쪽 모서리 2군데에 모따기를 한다.

06 [확인(✓)]을 클릭하여 모따기를 완성한다.

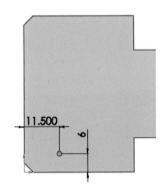

07 형상의 윗면을 선택하고, [스케치(◠)]를 클릭하고, [점(✳)]을 이
용하여 점을 작성하고, [지능형 치수(지능형치수)]로 위치를 지정하고,
[스케치 종료]를 선택한다.

08 [구멍가공마법사(구멍가공마법사)]를 클릭한다.

09 구멍 스팩 대화상자의 옵션에서 다음과 같
이 설정한다.

❶ 구멍 유형 = [카운터보어(🔲)]
❷ 표준 = [KS]
❸ 유형 = [구멍붙이 볼트 KS B 1003]
❹ 사용자 정의 크기 표시 체크
❺ 🔲 탭 드릴 지름 = [3.4mm]
❻ 🔲 카운터 보어 지름 = [6.5mm]
❼ 🔲 카운터 보어 깊이 = [3.3mm]
❽ 구멍 스팩 상단의 위치(🔲 위치) 탭을 클릭한다.

10 구멍의 위치를 지정하기 위해 앞서 작성한 스케치 점을
선택한다. 미리보기하면 작성된 구멍이 보인다.

11 [확인(✓)]을 클릭하여 구멍을 완성시킨다.

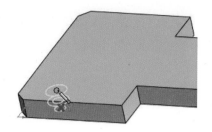

12 "CommandManager"의 피처 메뉴에서 [선형 패턴(선형패턴)]을 선택한다.

13 선형 패턴 대화상자에서 다음과 같이 설정한다.

- [패턴할 피처] = 카운터 보어를 선택한다.
- [방향1(1)] = 패턴방향 모서리를 선택한다.
- 피처 간의 간격(↔)을 12.5mm로, 인스턴스 수(✱)에 2개를 입력한다.
  ⇒ 만약 미리보기가 반대로 보인다면 [반대방향(↷)]을 클릭하여 방향을 전환시킨다.
- [방향2(2)] = 패턴 방향인 모서리를 선택한다.
- 피처 간의 간격(↔)을 38mm로, 인스턴스 수(✱)에 2개를 입력한다.

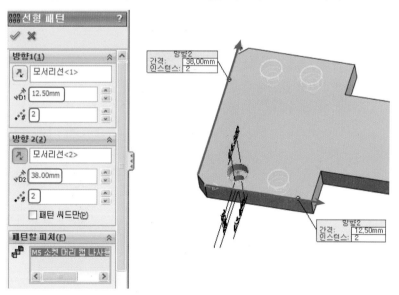

14 [확인(✓)]을 클릭하여 직사각형 패턴을 완성시킨다.

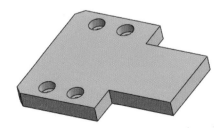

15 모델링 형상의 윗면을 [스케치(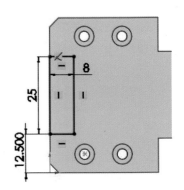)] 면으로 하여 [코너사각형 (□)]을 작성하고, [지능형 치수(지능형 치수)]를 기입한다.

16 [돌출 컷(돌출컷)]을 이용하여 나타나는 대화상자에서 다음과 같이 설정한다.

- 방향1 = [블라인드 형태]
- 깊이($\searrow_{D1}$) = [2mm]

17 돌출 컷을 한 면을 선택하고, [스케치(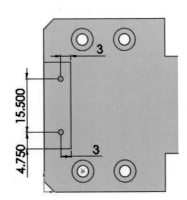)]를 클릭하고, [점 (*)] 2개를 이용하여 점을 작성하고, [지능형 치수(지능형 치수)]로 위치를 지정하고, [스케치 종료]를 선택한다.

18 [구멍가공마법사()]를 클릭한다.

19 구멍 스팩 대화상자의 옵션에서 다음과
같이 설정한다.

❶ 구멍 유형 = [탭(⬚)]

❷ 표준 = [KS]

❸ 유형 = [핸드 탭 구멍]

❹ 크기 = [M2]

❺ 마침조건 = [블라인드 형태]

❻ 구멍 깊이 = [3.2mm]

❼ 나사선 유형 = [블라인드]

❽ 탭 나사선 깊이 = [2mm]

❾ 구멍 스팩 상단의 위치(⬚ 위치) 탭을 클릭한다.

20 구멍의 위치를 지정하기 위해 앞서 작성한 스케치 점 2개
를 선택한다. 미리보기하면 작성된 구멍이 보인다.

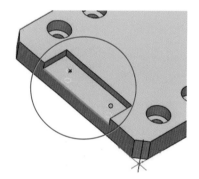

21 [확인(✔)]을 클릭하여 구멍을 완성시킨다.

22 모델링 형상의 윗면을 [스케치(✐)] 면
으로 하여 2개의 [원(◎ ·)]을 작성하고,
[지능형 치수(치수)]를 기입한다.

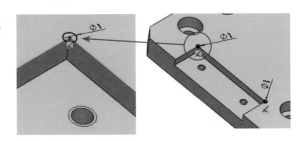

23 [돌출 컷(돌출컷)]을 이용하여 나타나는 대화상자에서 다음
과 같이 설정한다.

- 방향1 = [블라인드 형태]
- 깊이(D1) = [2mm]

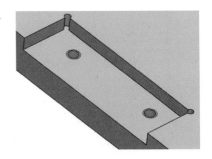

24 측면을 선택하고, [스케치(✐)]를 클릭하고, [점(＊)] 2
개를 이용하여 점을 작성하고, [지능형 치수(치수)]로
위치를 지정하고, [스케치 종료]를 선택한다.

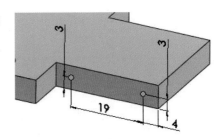

25 [구멍가공마법사(구멍가공마법사)]를 클릭하여 다음과
같이 옵션을 설정한다.

❶ 구멍 유형 = [탭(▯)]

❷ 표준 = [KS]

❸ 유형 = [핸드 탭 구멍]

❹ 크기 = [M2]

❺ 마침조건 = [블라인드 형태]

❻ 구멍 깊이 = [4mm]

❼ 나사선 유형 = [블라인드]

❽ 탭 나사선 깊이 = [2mm]

❾ 구멍 스팩 상단의 위치([위치]) 탭을 클릭한다.

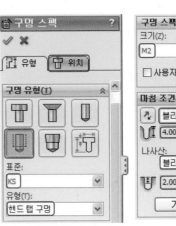
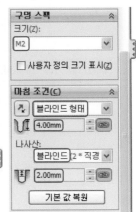

26 구멍의 위치를 지정하기 위해 앞서 작성한 스케치 점을 선택한다. 미리보기하면 작성된 구멍이 보인다.

27 [확인(✔)]을 클릭하여 구멍을 완성시킨다.

28 가상의 면을 작성하기 위해 [CommandManager] 피처 메뉴에서 [참조 형상] 아래의 역삼각형(▾)을 눌러 [기준면(◈)]을 클릭한다.

29 평면 생성 대화상자에서 평면을 정의할 기준 요소로 ❶측면을 선택한다. 나타나는 ❷[거리(⊢⊣)]에 14mm를 입력하고, ❸반대방향에 체크표시를 한다.

 TIP

오프셋 거리 : 평면 또는 면에 평행이거나 지정된 거리를 두고 오프셋 된 평면을 작성한다.

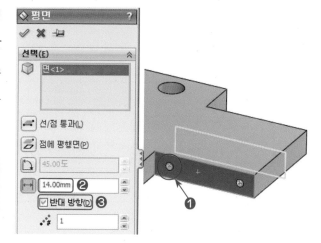

30 [확인(✔)]을 클릭하면 기준면을 생성한다.

31 대칭되는 형상을 복사하기 위해 [CommandManager] 피처 메뉴에서 [선형 패턴] 아래의 역삼각형(▾)을 눌러 [대칭 복사(⌷)]를 클릭한다.

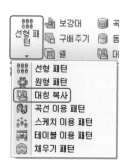

32 대칭 복사 대화상자가 나타난다.

- 면/평면 대칭 복사 = 작성한 ❶기준
  면 선택
- 대칭 복사 피처 = ❷나사 구멍 선택

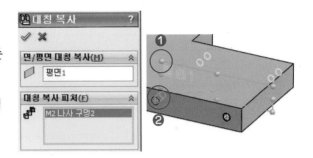

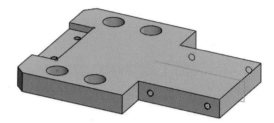

33 [확인(✔)]을 클릭하면 대칭복사 형상인 구멍
을 생성한다.

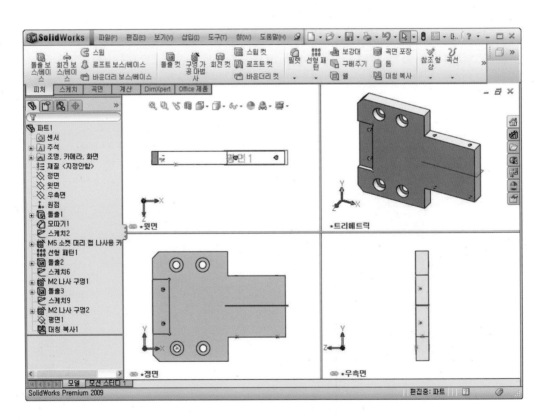

국 가 기 술 자 격 검 정 실 기 시 험 문 제

자격종목	생산자동화산업기사	작품명	CAD작업_3D/2D	형별	E

비번호 :

___

* 시험시간 : 표준시간 : 2시간, 연장시간 : 10분

1. 요구사항

1. 도면의 부품 ①의 2차원 부품도를 그리시오.

2. 도면

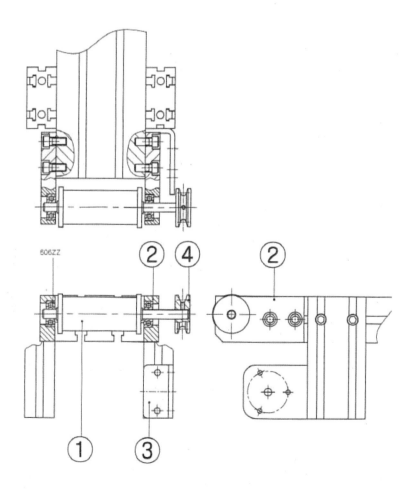

3. 1번 부품도

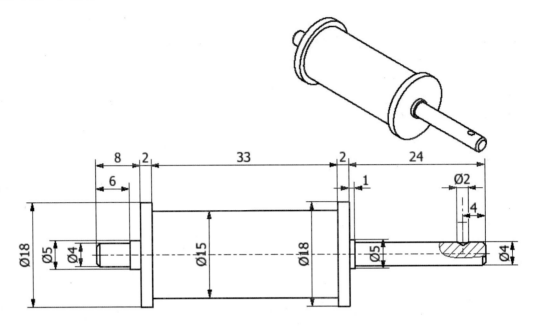

실습하기

01 SolidWorks 창 상단에 있는 [새 문서(☐)]를 클릭하여 [파트]를 선택하고, [확인(확인)] 버튼
을 클릭한다.

02 [FeatureManager 디자인트리]에서 정면을 선택하고, 나타나는 팝업
메뉴에서 [스케치]를 클릭한다.

03 스케치 메뉴에서 [중심선(┊)]을 선택하여 원점에
수평하게 중심선을 그린다.

89.57, 180°

04 [선(＼)]을 이용하여 그림과 같이 닫혀 있는 축의 단면선을 작성하고, [지능형 치수(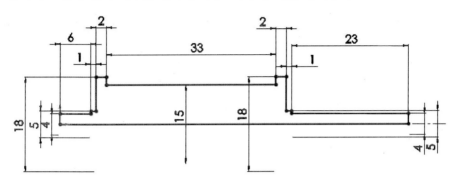)]를 이용하여 그림과 같이 치수를 입력하고, [스케치 종료]를 선택한다.

05 [회전 보스/베이스()]를 클릭한다.

스케치와 중심선이 하나씩 존재하므로 회전 대화상자에서 회전 변수의 [회전축(＼)]이 자동으로 지정되어 미리보기 하면 회전형상이 보인다.

06 [확인(✔)]을 클릭하여 축 모델링을 완성한다.

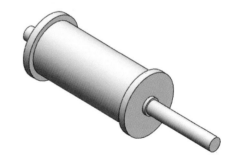

07 [FeatureManager 디자인트리]에서 정면을 선택하고, 나타나는 팝업 메뉴에서 [스케치]를 클릭한다.

[Ctrl + 8]을 눌러 선택한 스케치 면에 수직보기를 한다.

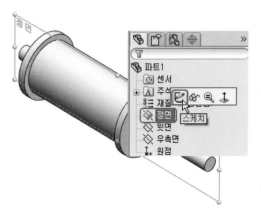

08 [중심선( )]을 선택하여 오른쪽 부분에 수직하게 중심선을
그린다.

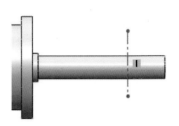

09 [선(\)]을 이용하여 그림과 같이 닫혀 있는 구멍의 단면선을 그린다.

10 [지능형 치수( )]를 이용하여 그림과 같이 치수를 입력하고, [스케
치 종료]를 선택한다.

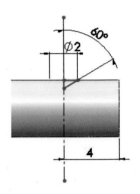

11 [회전 컷( )]을 클릭한다.

스케치와 중심선이 하나씩 존재하므로 미리
보기하면 회전 형상이 보인다.

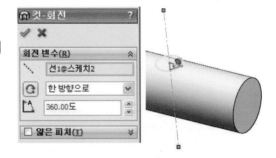

12 [모따기( )]를 클릭하여 모따기 거리 0.5
를 지정하고, 그림처럼 표시된 곳에 모따
기를 한다.

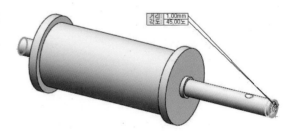

13 [확인(✔)]을 클릭하여 모따기를 완성
한다.

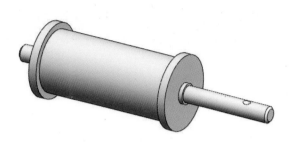

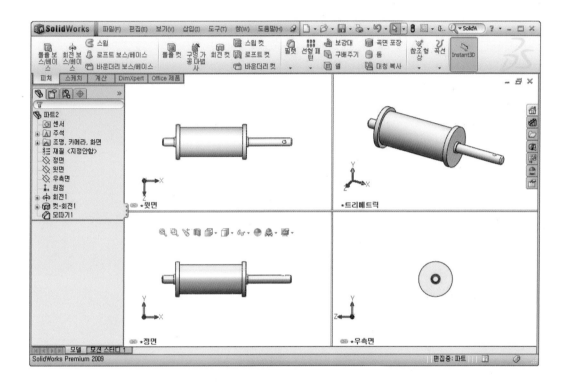

국 가 기 술 자 격 검 정 실 기 시 험 문 제

자격종목	생산자동화산업기사	작품명	CAD작업_3D/2D	형별	F

비번호 :

* 시험시간 : 표준시간 : 2시간, 연장시간 : 10분

1. 요구사항

　1. 도면의 부품 ①의 2차원 부품도를 그리시오.

2. 도면

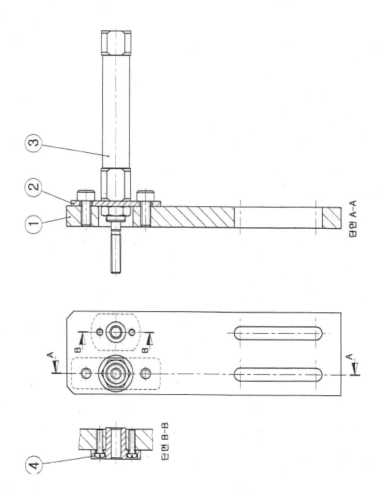

3. 1번 부품도

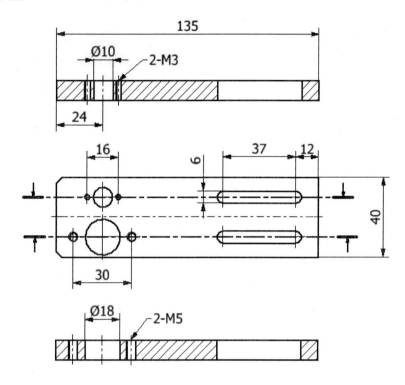

01 SolidWorks 창 상단에 있는 [새 문서(🗋)]를 클릭하여 [파트]를 선택하고, [확인(　확인　)] 버튼
을 클릭한다.

02 [FeatureManager 디자인트리]에서 정면을 선택하고, 나타나는 팝업
메뉴에서 [스케치]를 클릭한다.

03 스케치 메뉴에서 [코너사각형(🔲)]의 [중심
사각형(🔳)] 유형을 이용하여 사각형을 그
리고, [지능형 치수(🔧지능형치수)]를 이용하여 치수
를 기입한다.

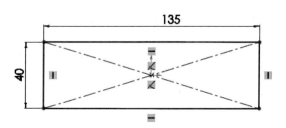

04 [돌출 보스/베이스(스/베이)]를 클릭한 후, 다음과 같
   은 옵션을 설정하고, [확인(✔)]을 클릭한다.

   • 방향1 = [블라인드 형태]
   • 깊이 = [10mm]

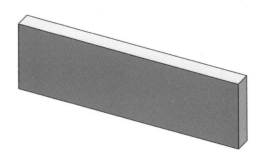

05 [모따기(◇)]를 클릭하여 모따기 거리 3을 지정하고, 그
   림처럼 표시된 위쪽 모서리 2군데에 모따기를 한다.

06 [확인(✔)]을 클릭하여 모따기를 완성한다.

07 형상의 윗면을 선택하고, [스케치(匸)]를 클릭한다.

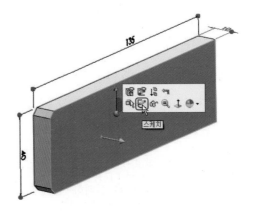

08 [직선홈(◉)]을 클릭하여 필렛 형상의 원호 중심을
   ❶ → ❷ → ❸ 순서대로 점을 클릭하여 작성한다.

   (❶점은 R6 필렛형상의 원호 중심이다.)

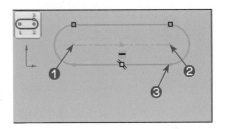

09 [지능형 치수(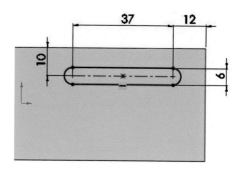)]를 이용하여 직선홈의 치수를 입력하고, [스케치 종료]를 선택한다.

10 [돌출 컷()]을 클릭하여 나타나는 대화상자에서 [방향1 = [관통]]으로 설정한다.

[확인(✔)]을 클릭하여 직선홈 돌출 컷을 완성시킨다.

11 가상의 면을 작성하기 위해 [CommandManager] 피처 메뉴에서 [참조 형상] 아래의 역삼각형(▼)을 눌러 [기준면()]을 클릭한다.

12 평면 생성 대화상자에서 평면을 정의할 기준 요소로 윗면을 선택한다.

13 나타나는 [거리(⊢⊣)]에 20mm를 입력하고, 반대방향에 체크표시를 한다.

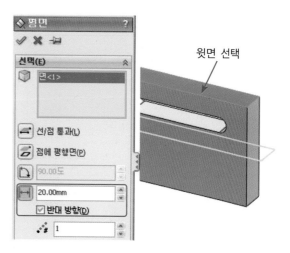

윗면 선택

14 대칭되는 형상을 복사하기 위해 [CommandManager] 피처 메뉴에서
[선형 패턴] 아래의 역삼각형(▼)을 눌러 [대칭 복사(⬕)]를 클릭한다.

15 대칭 복사 대화상자에서

• 면/평면 대칭 복사 = 기준면 선택
• 대칭 복사 피처 = 직선 홈 선택

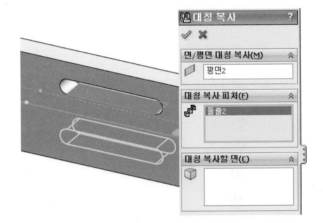

16 [확인(✔)]을 클릭하면 대칭복사 형상을
생성한다.

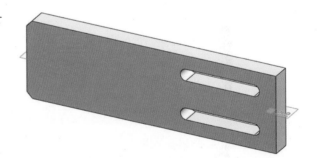

17 형상의 윗면을 선택하고, [스케치(✎)]
를 클릭한다.

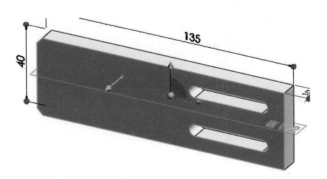

18 [원(⊙ ▾)]과 [지능형 치수(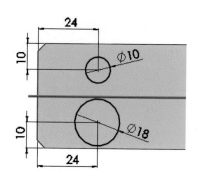)]를 이용하여 스케치를 작성
하고, [스케치 종료]를 선택한다.

19 [돌출 컷(⧄돌출컷)]을 클릭하여 나타나는 대화상
자에서 [방향1 = [관통]]으로 설정한다.

20 [확인(✔)]을 클릭하여 돌출 컷 구멍을 완성
시킨다.

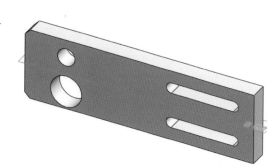

21 형상의 윗면을 선택하고, [스케치(✔)]를
클릭한다.

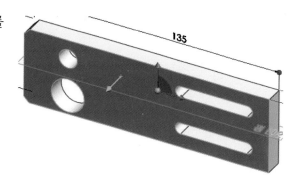

22 스케치 메뉴에서 [점(✳)]을 이용하여 두 개의 점을 작성하
고, [지능형 치수(지능형치수)]로 위치를 지정하고, [스케치 종료]
를 선택한다.

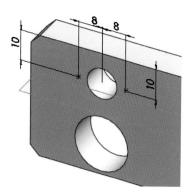

23 [구멍가공마법사(구멍가공마법사)]를 클릭하여 구멍 스팩 대화상자의 옵션에서 다음과 같이 설정한다.

❶ 구멍 유형 = [탭(囗)]

❷ 표준 = [KS]

❸ 크기 = [M3]

❹ 마침조건 = [관통]

❺ 구멍 스팩 상단의 위치(位 위치) 탭을 클릭한다.

24 구멍의 위치를 지정하기 위해 앞서 작성한 스케치 점 2개를 선택한다. 미리보기하면 작성된 구멍이 보인다.

25 [확인(✔)]을 클릭하여 구멍을 완성시킨다.

26 형상의 윗면을 선택하고, [스케치(ピ)]를 클릭한다.

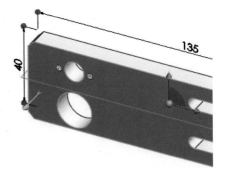

27 스케치 메뉴에서 [점(＊)]을 이용하여 두 개의 점을 작성하고, [지능형 치수(지능형치수)]로 위치를 지정하고, [스케치 종료]를 선택한다.

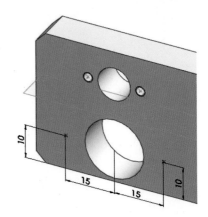

28 [구멍가공마법사(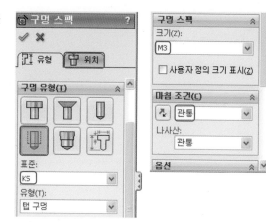)]를 클릭하여 구멍 스
팩 대화상자의 옵션에서 다음과 같이 설정
한다.

❶ 구멍 유형 = [탭(⬇)]

❷ 표준 = [KS]

❸ 크기 = [M3]

❹ 마침조건 = [관통]

❺ 구멍 스팩 상단의 위치(⬇ 위치) 탭
을 클릭한다.

29 구멍의 위치를 지정하기 위해 앞서 작성한 스케치 점 2개를
선택한다. 미리보기하면 작성된 구멍이 보인다.

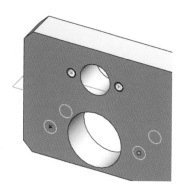

30 [확인(✔)]을 클릭하여 구멍을 완성시킨다.

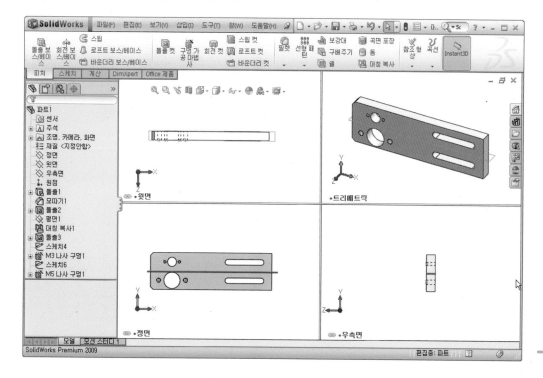

Memo

저자 약력

고 성 우
한국폴리텍 Ⅶ대학 울산캠퍼스 자동화시스템과

성 재 경
한국폴리텍 Ⅶ대학 창원캠퍼스 자동화시스템과

실무를 위한 SolidWorks
(생산자동화기능사/생산자동화산업기사)

발 행 일 / 2011년 1월 10일 초판 발행
2015년 1월 15일 1차 개정
2021년 3월 15일 1차 개정 2쇄

저   자 / 고성우 · 성재경
발 행 인 / 정용수
발 행 처 / 예문사
주   소 / 경기도 파주시 직지길 460(출판도시) 도서출판 예문사
T E L / 031)955-0550
F A X / 031)955-0660

등록번호 / 11-76호

정가 : 23,000원

· 이 책의 어느 부분도 저작권자나 발행인의 승인 없이 무단 복제하여
  이용할 수 없습니다.
· 파본 및 낙장은 구입하신 서점에서 교환하여 드립니다.
· 예문사 홈페이지 http://www.yeamoonsa.com

ISBN 978-89-274-3935-6   13550